信息技术人才培养系列规划教材
Linux 云计算开发实战系列

Linux Shell
自动化运维

慕课版

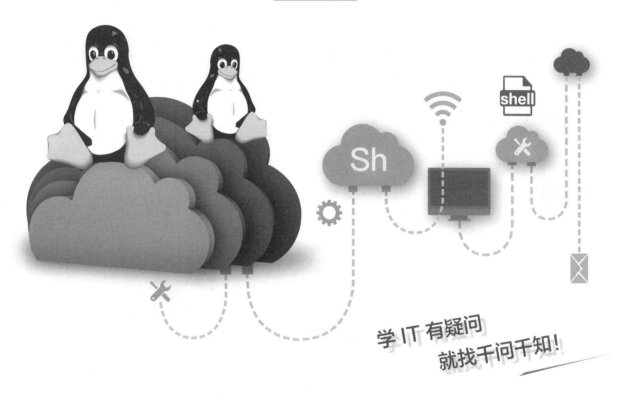

学 IT 有疑问
就找千问千知!

◎ 千锋教育高教产品研发部 编著

U0377776

人民邮电出版社
北　京

图书在版编目（CIP）数据

Linux Shell自动化运维 : 慕课版 / 千锋教育高教
产品研发部编著. -- 北京 : 人民邮电出版社，2020.8（2024.6重印）
信息技术人才培养系列规划教材
ISBN 978-7-115-53324-1

Ⅰ. ①L… Ⅱ. ①千… Ⅲ. ①Linux操作系统—程序设
计—教材 Ⅳ. ①TP316.85

中国版本图书馆CIP数据核字(2020)第105013号

内 容 提 要

本书主要讲解了 Shell 编程的相关内容，由浅入深且紧贴实战，初学者能够快速地学以致用，有
基础的读者也能从书中温故而知新。本书共 10 章，包括初识 Shell、Shell 条件测试、Shell 循环、Shell
数组、Shell 编程中函数的用法、正则表达式、流编辑器 sed、awk 文本处理工具、系统性能分析和项
目实战集。本书讲解了很多项目操作案例，并细化操作步骤，协助初学者理解相关功能的使用，每章
都设置了课后习题，以加深读者对重点内容的学习和记忆。

本书可作为普通高校或培训学校的教材，也可作为云计算开发人员的参考用书。

◆ 编　著　千锋教育高教产品研发部
　　责任编辑　李　召
　　责任印制　王　郁　陈　犇
◆ 人民邮电出版社出版发行　　北京市丰台区成寿寺路 11 号
　　邮编　100164　电子邮件　315@ptpress.com.cn
　　网址　https://www.ptpress.com.cn
　　固安县铭成印刷有限公司印刷
◆ 开本：787×1092　1/16
　　印张：14.25　　　　　　　　2020 年 8 月第 1 版
　　字数：317 千字　　　　　　2024 年 6 月河北第 10 次印刷

定价：49.80 元

读者服务热线：(010)81055256　印装质量热线：(010)81055316
反盗版热线：(010)81055315
广告经营许可证：京东市监广登字 20170147 号

编 委 会

前 言 PREFACE

当今世界是知识爆炸的世界，科学技术与信息技术快速发展，新型技术层出不穷，教科书也要紧随时代的发展，纳入新知识、新内容。目前很多教科书注重算法讲解，但是如果在初学者还不会编写一行代码的情况下，教科书就开始讲解算法，难免会打击初学者学习的积极性，使其难以入门。

党的二十大报告中提到："全面提高人才自主培养质量，着力造就拔尖创新人才，聚天下英才而用之。"IT 行业需要的不是只有理论知识的人才，而是技术过硬、综合能力强的实用型人才。高校毕业生求职面临的第一道门槛就是技能与经验。学校往往注重学生理论知识的学习，忽略了对学生实践能力的培养，导致学生无法将理论知识应用到实际工作中。

为了杜绝这一现象，本书倡导快乐学习、实战就业，在语言描述上力求准确、通俗易懂，在章节编排上循序渐进，在语法阐述中尽量避免术语和公式，从项目开发的实际需求入手，将理论知识与实际应用相结合，目的是让初学者能够快速成长为初级程序员，积累一定的项目开发经验，从而在职场中拥有一个高起点。

本书介绍

众所周知，计算机的运行离不开硬件，真正能控制硬件的只有操作系统内核。用户无法直接对操作系统内核进行操作，而是通过"外壳"程序，也就是所谓的 Shell 来与操作系统内核进行沟通。因此，Shell 是用户与操作系统内核之间的接口，是系统的用户界面，利用 Shell 可以编写出代码简洁且功能强大的脚本文件。熟练掌握 Linux Shell 编程方法，可以使操作计算机变得更加轻松，节省很多时间。

本书从运维开发的角度，对 Linux Shell 常用操作进行了全面的讲解，按照实战开发的需求精选内容，突出重点、难点，将知识点与实例结合，真正实现学以致用。同时，本书也在最后两章通过项目案例帮助读者运用理论知识，提升编程开发能力。

通过本书你将学到以下内容。

第 1 章：介绍了 Shell 各种版本以及 Shell 变量的定义及用法。

第 2 章：介绍了 Shell 条件测试的用法。

第 3 章：介绍了 Shell 循环的语法及用法。

第 4 章：介绍了 Shell 数组的定义及用法。

第 5 章：介绍了 Shell 函数的概念及用法。

第 6 章：介绍了正则表达式匹配规则及用法。

第 7 章：介绍了 sed 流编辑器的工作原理及用法。

第 8 章：介绍了 awk 文本处理工具的工作原理及用法。

第 9 章：介绍了常见的系统性能分析工具。

第 10 章：介绍了若干项目案例。

本书特点

1．案例式教学，理论结合实战

（1）经典案例涵盖所有主要知识点

✧ 根据每章重要知识点，精心挑选案例，促进隐性知识与显性知识的转化，将书中隐性的知识外显，或将显性的知识内化。

✧ 案例包含运行效果、实现思路、代码详解。案例设置结构清晰，方便教学和自学。

（2）企业级大型项目，帮助读者掌握前沿技术

✧ 引入企业一线项目，进行精细化讲解，理清代码逻辑，从动手实践的角度，帮助读者逐步掌握前沿技术，为高质量就业赋能。

2．立体化配套资源，支持线上线下混合式教学

✧ 文本类：教学大纲、教学 PPT、课后习题及答案、测试题库。

✧ 素材类：源码包、实战项目、相关软件安装包。

✧ 视频类：教学视频。

✧ 平台类：教师服务与交流群，锋云智慧教辅平台。

本书配套资源可登录人邮教育社区 www.ryjiaoyu.com 下载。

致谢

本书由千锋教育云计算教学团队整合多年积累的教学实战案例，通过反复修改最终撰写完成。

多名院校老师参与了本书的编写与指导工作。千锋教育的 500 多名学员参与了教材的试读工作，他们站在初学者的角度对教材提出了许多宝贵的修改意见，在此一并表示衷心的感谢。

意见反馈

虽然我们在本书的编写过程中力求完美，但书中难免有不足之处。欢迎读者提出宝贵意见，联系方式：textbook@1000phone.com。

千锋教育高教产品研发部

2023 年 5 月于北京

目 录 CONTENTS

01 第1章 初识Shell

本章学习目标

- 了解什么是 Shell
- 了解 Shell 的版本及用途
- 掌握 Shell 变量的用法

现在人们使用的操作系统（Windows、Android、iOS 等）都带有图形界面，简单直观，容易上手。然而早期的计算机并没有图形界面，人们只能使用烦琐的命令来控制计算机。其实，真正能够控制计算机硬件（CPU、内存、显示器）的只有操作系统内核（Kernel），图形界面和命令行都是架设在用户和内核之间的桥梁，是为方便用户控制计算机而存在的。由于安全等原因，用户不能直接接触内核，因此需要在用户和内核之间增加"命令解释器"，这既能简化用户的操作，又能保障内核的安全。在 Linux 下，这个命令解释器叫作"Shell"，它能让用户更加高效、安全、低成本地使用 Linux 内核。

1.1 Shell 如何连接用户和内核

Shell 能够接收用户输入的命令，并对命令进行处理，处理完毕后再将结果反馈给用户，如输出到显示器、写入文件等。这就是大部分读者对 Shell 的认知。

其实，Shell 程序本身的功能是很弱的，文件操作、输入输出、进程管理等都得依赖内核。用户运行一个命令，大部分情况下 Shell 都会去调用内核暴露出来的接口，这就是在使用内核，只是这个过程被 Shell 隐藏了起来，在背后默默进行，用户看不到而已。

接口其实就是一个一个的函数，使用内核就是调用这些函数，除了函数没有别的途径使用内核。

比如，用户在 Shell 中输入 cat log.txt 命令就可以查看 log.txt 文件中的内容。log.txt 放在磁盘的哪个位置？分成了几个数据块？如何操作探头读取它？这些底层细节 Shell 统统不知道，它只能去调用内核提供的 open()和 read()函数，告诉内核读取 log.txt 文件；然后内核按照 Shell 的指令去读取文件，并将读取到的文件内容交给 Shell；最后由 Shell 把文件内容呈现给用户（呈现到显示器上还得依赖内核）。

1.2　Shell 连接其他程序

在 Shell 中输入的命令，有一部分是 Shell 本身自带的，这叫作内置命令；有一部分是其他应用程序（一个程序就是一个命令），这叫作外部命令。

Shell 本身支持的命令并不多，功能也有限，但是 Shell 可以调用其他程序，每个程序就是一个命令，这使得 Shell 命令的数量可以无限扩展，其结果就是 Shell 的功能非常强大，完全能够胜任 Linux 的日常管理工作，包括文本或字符串检索、文件的查找或创建、大规模软件的自动部署、更改系统设置、监控服务器性能、发送报警邮件、抓取网页内容、压缩文件等。

更令人惊讶的是，Shell 还可以让多个外部程序发生连接，在它们之间很方便地传递数据，也就是把一个程序的输出结果传递给另一个程序作为输入信息。

Shell 连接程序的示意图如图 1.1 所示。注意"用户"和"其他应用程序"是通过虚线连接的，因为用户启动 Linux 后直接面对的是 Shell，通过 Shell 才能运行其他应用程序。

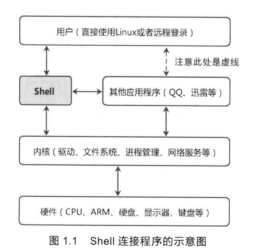

图 1.1　Shell 连接程序的示意图

1.3　Shell 同样支持编程

Shell 并不是简单的命令堆砌，用户还可以在 Shell 中编程，和使用 C++、C#、Java、Python

等常见的编程语言并没有什么两样。

Shell 虽然没有 C++、Java、Python 等强大，但也支持以下基本的编程元素。

（1）if...else 选择结构，case...in 开关语句，for、while、until 循环。

（2）变量、数组、字符串、注释、加减乘除、逻辑运算等概念。

（3）函数，包括用户自定义的函数和内置函数（如 printf()、export()、eval()等）。

从这个角度讲，Shell 也是一种编程语言，它的编译器（解释器）是 Shell 这个程序。因此，平时所说的 Shell 有时候是指连接用户和内核的这个程序，有时候又是指 Shell 编程。

Shell 主要用来开发一些实用的、自动化的小工具，而不是用来开发具有复杂业务逻辑的中大型软件。例如，检测计算机的硬件参数、搭建 Web 运行环境、日志分析等，Shell 都非常合适。

使用 Shell 的熟练程度反映了用户对 Linux 的掌握程度，运维工程师、网络管理员、程序员都应该学习 Shell。

对 Linux 运维工程师来说，Shell 更是必须掌握的技能。Shell 使自动化管理服务器集群成为可能，否则用户只能一个一个地登录所有的服务器，对每一台服务器进行相同的设置，而这些服务器可能有成百上千之多，用户会在重复性的工作上浪费大量的时间。

1.4　Shell 是一种脚本语言

几乎所有的编程语言，如 C/C++、Pascal、Go、汇编语言等，都必须在程序运行之前将所有代码翻译成二进制形式，也就是生成可执行文件。用户拿到的是生成的可执行文件，看不到源码。

这个过程叫作编译，这样的编程语言叫作编译型语言，完成编译过程的软件叫作编译器。

而有的编程语言，如 Shell、JavaScript、Python、PHP 等，需要一边执行一边翻译，不会生成可执行文件，用户必须拿到源码才能运行程序。程序开始运行后会即时翻译，翻译完一部分执行一部分，不用等到所有代码都翻译完。

这个过程叫作解释，这样的编程语言叫作解释型语言或者脚本语言（Script），完成解释过程的软件叫作解释器。

编译型语言的优点是执行速度快、对硬件要求低、保密性好，适合开发操作系统、大型应用程序、数据库等。

脚本语言的优点是使用灵活、部署容易、跨平台性好，非常适合 Web 开发以及小工具的制作。

Shell 就是一种脚本语言，用户编写完源码后不用编译，直接运行源码即可。

1.5　Shell 的各种版本

其实 Shell 的版本有很多种，其中常用的几种是 Bourne Shell、C Shell 和 Bash Shell。

1.5.1　Bourne Shell

Bourne Shell 简称 sh，由贝尔实验室开发，是 UNIX 最初使用的 Shell，并且在每种 UNIX 上都可以使用。Bourne Shell 在编程方面相当优秀，可以满足用户大部分的 Shell 编程要求，也是平时工作中比较常用的 Shell 版本。缺点是在处理与用户的交互方面做得不如其他版本的 Shell。

1.5.2　C Shell

C Shell 简称 csh，比 Bourne Shell 更加适用于编程。C Shell 的语法与 C 语言的语法很相似。Linux 操作系统还为喜欢使用 C Shell 的人提供了 tcsh。tcsh 是 C Shell 的一个扩展版本，包含命令行编辑、可编程单词补全、拼写校正、历史命令替换、作业控制和类似 C 语言的语法。它不仅兼容 Bash Shell 提示符，还提供比 Bash Shell 更多的提示符参数。

1.5.3　Bash Shell

Bash Shell 是 Linux 的默认 Shell，本书也基于 Bash Shell 编写。

Bourne Again Shell 是 Linux 操作系统所使用的 Shell，它是 Bourne Shell 的扩展，简称 bash。bash 与 Bourne Shell 完全向下兼容，也就是说 bash 可以兼容相同版本的 Bourne Shell。bash 在 Bourne Shell 的基础上增加、增强了很多特性，所以它比 Bourne Shell 能力更强。

bash 放在 Linux 系统的/bin/bash 文件夹中，它有许多特色，提供如命令补全、命令编辑和命令历史表等功能，而且还具备 C Shell 的很多优点，有灵活和强大的编程接口，同时又有很友好的用户界面。bash 是所有 Shell 中较为完美的版本，也是较为常用的 Shell。

1.5.4　查看 Shell 版本

Shell 是一个程序，一般都放在/bin 或者/usr/bin 目录下。当前 Linux 系统可用的 Shell 都记录在/etc/shells 文件中。/etc/shells 是一个纯文本文件，用户可以在图形界面下打开它，也可以使用 cat 命令查看它。

通过 cat 命令来查看当前 Linux 系统的可用 Shell：

```
$ cat /etc/shells
/bin/sh
/bin/bash
/sbin/nologin
/usr/bin/sh
/usr/bin/bash
/usr/sbin/nologin
/bin/tcsh
/bin/csh
```

在现代 Linux 中，sh 已经被 bash 代替，/bin/sh 往往是指向/bin/bash 的符号链接。

如果用户希望查看当前 Linux 的默认 Shell，那么可以输出 SHELL 环境变量：

```
$ echo $SHELL
/bin/bash
```

输出结果表明默认的 Shell 是 bash。其中 echo 是一个 Shell 命令，用来输出变量的值，下一节将详细介绍它的用法。SHELL 是 Linux 系统中的环境变量，它指明了当前使用的 Shell 程序的位置，也就是使用的是哪个 Shell。

1.6　Shell 是运维工程师必备技能

Linux 运维工程师负责 Linux 服务器的运行和维护。随着互联网的爆发，Linux 运维也迎来了春天，出现了大量的职位需求，催生了一批 Linux 运维培训班。

如今的 IT 服务器领域，Linux、UNIX、Windows 三分天下。Linux 系统可谓后起之秀，特别是"互联网热"以来，Linux 在服务器端的市场份额不断扩大，每年增长势头迅猛，超过了 Windows 和 UNIX 的总和。在未来的服务器领域，Linux 领跑是大势所趋。

Linux 在服务器上的应用非常广泛，可以用来搭建 Web 服务器、数据库服务器、负载均衡服务器（CDN）、邮件服务器、DNS 服务器、反向代理服务器、VPN 服务器、路由器等。用 Linux 作为服务器系统不但非常高效和稳定，还不用担心版权问题，不用付费。

大规模应用的 Linux 服务器需要一批专业的人才去管理，这群人就是 Linux 运维工程师（Ops）。Ops 的主要工作就是搭建运行环境，让程序员写的代码能够高效、稳定、安全地在服务器上运行，他们属于后勤部门。对 Ops 的要求并不比程序员低，优秀的 Ops 拥有架设服务器集群的能力，还会编程开发常用的工具。

Ops 的工作细节内容如下。

（1）安装操作系统，如 CentOS、Ubuntu 等。

（2）部署代码运行环境。例如，网站后台语言采用 PHP，就需要安装 Nginx、Apache、MySQL 等。

（3）及时修复漏洞，防止服务器被攻击，包括 Linux 本身漏洞和各个软件的漏洞。

（4）根据项目需求升级软件。例如，PHP 7.0 在性能方面取得了重大突破，如果现在服务器压力比较大，就可以考虑将旧版的 PHP 5.x 升级到 PHP 7.0。

（5）监控服务器压力，避免服务器死机。例如，淘宝在"双十一"的时候会瞬间涌入大量用户，导致部分服务器死机，网页无法访问，甚至连支付宝都不能使用。

（6）分析日志，及时发现代码或者环境问题，通知相关人员修复。

这些任务只要登录远程服务器，或者去机房连接服务器就能够完成，如图 1.2 所示。

图 1.2　Ops 在机房中用笔记本电脑连接服务器

为什么要用 Shell 编程呢？这是因为 Ops 面对的不是少量的服务器，而是成千上万台服务器，如果把同样的工作重复成千上万遍，等人工处理完，市场早已成一片红海了。服务器一旦增多，必须把人力工作自动化，运行一段代码就能在成千上万台服务器上完成相同的工作，如服务的监控、代码快速部署、服务启动/停止、数据备份、日志分析等。Shell 脚本很适合处理纯文本类型的数据，而 Linux 中绝大多数配置文件、日志文件（如 NFS、rsync、HTTPD、Nginx、MySQL 等）、启动文件都是纯文本类型的文件。图 1.3 形象地展示了 Shell 在运维工作中的地位。

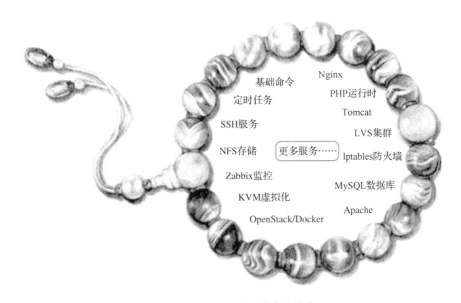

图 1.3　Shell 在运维工作中的地位

在图 1.3 所示的运维"手链"中，每颗"珍珠"都是一项服务，将珍珠穿起来的"线"就是 Shell。Shell 脚本是实现 Linux 系统自动管理以及自动化运维所必备的工具，Linux 的底层以及基础应用软件的核心大都涉及 Shell 脚本的内容。每一个合格的 Linux 系统管理员或运维工程师，都应该能够熟练地编写 Shell 脚本，以提升运维工作效率，减少不必要的重复劳动，为个人的职场发展奠定较好的基础。

变量是 Shell 程序运行时使用的最小数据单元，也是 Shell 程序不可缺少的组成部分。本章主要讲述 Shell 变量的具体用法，使读者对 Shell 有更多的认识，并能在脚本中熟练使用 Shell 变量。

1.7　Shell 变量的定义

程序是在内存中运行的。在程序运行过程中，内存空间内的某些值是变化的。这个内存空间就称为变量。为了便于操作，可以对这个空间进行命名，这个名称就是变量名。

简单地说，变量就是用一个特定的字符串去表示不固定的内容，变量的名称必须是合法的标识符。内存空间内的值就是变量值，在声明变量时可以不赋值，也可以直接赋给初值。

变量其实就是用来放置数值等内容的"盒子"，想要使用这个可以存放数值等内容的魔法盒，就必须遵循一定的规则，首先需要提前进行如下定义。

定义变量的语法格式如下：

```
变量名 = 变量值；
```

代码如下：

```
varName = varValue;
```

在 Shell 中，当第一次使用某个变量名时，实际上就定义了这个变量。如果没有给出变量值，则变量会被赋值为一个空字符串。

1.8　Shell 变量的类型

Shell 变量分为四类，分别为自定义变量、环境变量、位置变量和预定义变量。根据工作要求临时定义的变量称为自定义变量；环境变量一般是指用 export 内置命令导出的变量，用于定义 Shell 的运行环境，保证 Shell 命令正确执行，如\$0、\$1、\$#；从命令行、函数或脚本执行等传递参数时，\$0、\$1 称为特殊位置变量；预定义变量是在 bash（Linux 系统的默认 Shell）中已有的变量，可以直接使用，如\$@、\$*等。

1.8.1　自定义变量

自定义变量可以理解为局部变量或普通变量，只能在创建它们的 Shell 函数或 Shell 脚本中使用。自定义变量的说明如表 1.1 所示。

表 1.1	自定义变量的说明
定义自定义变量	变量名=变量值，变量名必须以字母或下画线开头，区分大小写，如 ip1=192.168.2.115
使用自定义变量	$变量名
查看自定义变量	echo$变量名 set（所有变量：包括自定义变量和环境变量）
取消自定义变量	unset 变量名
自定义变量作用范围	仅在当前 Shell 中有效

例 1-1　自定义变量在 Shell 脚本中的使用。

```
[root@tianyun ~/scripts]# cat ping01.sh
#!/bin/bash
ip=10.18.42.1
ping -c1 $ip &>/dev/null
```

以上是 ping 通主机的脚本，使用自定义变量方式定义 ip=10.18.42.1，ping 的结果放在/dev/null（称为垃圾箱）。

1.8.2　环境变量

环境变量也可称为全局变量，可以在创建它们的 Shell 及其派生出来的任意子进程 Shell 中使用。环境变量的说明如表 1.2 所示。

表 1.2	环境变量的说明
定义环境变量	使用 export 命令声明即可。 例如，export back_dir=/home/backup； 再如，export back_dir 将自定义变量转换为环境变量
使用环境变量	$变量名 或${变量名}
查看环境变量	echo $变量名，或 env，如 env |grep back_dir1
取消环境变量	unset 变量名
环境变量作用范围	在当前 Shell 和子 Shell 中有效

例 1-2　环境变量在脚本中的使用。

```
[root@tianyun ~/scripts]#cat ping05.sh
#!/bin/bash
ip=10.18.42.1
ping -c1 $ip &>/dev/null
if [ $? -eq 0 ];then
        echo "$ip is up."
else
        echo "$ip is down."
fi
```

此脚本使用环境变量判断主机 IP 地址是否正常。引用环境变量为$ip，$?的意思是上一条命令的返回值。如果返回值为 0，表示主机正常；否则表示主机宕机。

1.8.3 位置变量

在 Shell 中存在一些位置变量。位置变量用于在命令行、函数或脚本中传递参数，其变量名不用自己定义，其作用也是固定的。执行脚本时，通过在脚本后面给出具体的参数（多个参数用空格隔开）对相应的位置变量进行赋值。

$0 代表命令本身，$1-$9 代表接收的第 1~9 个参数，$10 以上需要用{}括起来，如${10}代表接收的第 10 个参数。

例 1-3 位置参数在脚本中的使用。

```
[root@tianyun ~/scripts]# vim test.sh
echo $1 $2
[root@tianyun ~/scripts]# chmod a+x test.sh
[root@tianyun ~/scripts]# ./test.sh tianyun yangge
tianyun yangge
```

其中，$1 表示脚本传递的第一个参数，$2 表示脚本传递的第二个参数。此例中，给 test.sh 脚本执行权限并运行脚本，把传入的 tianyun 参数赋值给脚本中的$1，把传入的 yangge 参数赋值给脚本中的$2，因此输出结果为 tianyun yangge。

1.8.4 预定义变量

预定义变量在 Shell 中可以直接使用，位置变量也是预定义变量的一种。预定义变量的说明如表 1.3 所示。

表 1.3　　　　　　　　　　　　预定义变量的说明

预定义变量	说明
$0	脚本名
$*	所有的参数
$@	所有的参数
$#	参数的个数
$$	当前进程的 PID
$!	上一个后台进程的 PID
$?	上一个命令的返回值，0 表示成功

例 1-4 预定义变量$?功能实战。

```
[root@tianyun ~]# pwd
/home/root
[root@tianyun ~]# echo $?
```

```
0
```

执行 pwd 命令，然后用 "echo $?" 查看执行命令的状态返回值，返回值为 0，表示上一个命令的执行是成功的。

1.9　Shell 变量的赋值

Shell 变量的赋值方式有五种：直接赋值、从键盘读入赋值、使用命令行参数赋值、利用命令的输出结果赋值和从文件中读入数据赋值。直接赋值也就是定义变量；从键盘读入赋值是指将 bash 的内置命令 read 读入的内容赋值给变量；在命令行 Shell 下输入的参数内容称为使用命令行参数赋值；利用命令的输出结果赋值是指将命令行的执行结果赋值给变量；从文件中读入数据赋值就是把文件内容赋值给变量。

1.9.1　直接赋值

在 Shell 中，当第一次使用某变量名时，实际上就已经给变量赋值了。直接赋值的格式为"变量名=变量值"，如，name=tianyun。为了避免歧义，直接赋值时禁止在等号两边添加空格，这跟常见的编程语言有所不同。

直接赋值举例如下。

```
a=3
```

上面语句中的 "=" 不是数学中的等号，而是赋值运算符，它的作用是将赋值运算符右侧的值赋给左侧，其中，右侧的 3 就是变量的值，左侧的 a 就是变量名，a 被赋值后，a 就代表了 3。

1.9.2　从键盘读入赋值

在 Shell 脚本中，Shell 变量可以通过从键盘读入输入的内容来赋值。命令格式为：

```
read -p [提示信息]：[变量名]
```

read 命令被用来从标准输入读取单行数据。read 命令使用演示如下。

例 1-5　从键盘读入赋值。

```
[root@tianyun ~]# vim ping2.sh
#!/bin/bash
read -p "input ip:" ip
ping -c2 $ip &>/dev/null
if [ $? == 0 ];then
    echo "host $ip is ok"
else
```

```
        echo "host $ip is fail"
fi
 [root@tianyun ~]# chmod a+x ping2.sh
 [root@tianyun ~]# ./ping2.sh
input ip: 10.18.42.1
host 10.18.42.1 is ok
```

从以上结果可以看出，read 命令从标准输入中读取一行，并把输入行的每个字段的值（这里的值为 10.18.42.1）赋值给 Shell 变量$ip。

1.9.3 使用命令行参数赋值

使用命令行参数赋值是直接在命令后面跟参数，系统用$1 来调用第一个参数，用$2 调用第二个参数，这种赋值方法适用于参数经常变化且不需要交互的情况。在脚本中同时加入$1 和$2，并进行测试，具体如下所示。

例 1-6 使用命令行参数赋值。

```
[root@tianyun ~]# cat test.sh
echo $1 $2
[root@tianyun ~]# chmod a+x test.sh
[root@tianyun ~]# ./test.sh qf tianyun
qf tianyun
```

从以上可以看出，测试脚本的内容是显示第一个参数$1 和第二个参数$2，运行脚本同时输入两个字符串参数 qf 和 tianyun，则 qf 对应第一个参数$1，tianyun 对应第二个参数$2。

1.9.4 利用命令的输出结果赋值

在 Shell 程序中，可以将一个命令的输出结果当作变量的值，不过需要在赋值语句中使用反向单引号。这种赋值方法可以直接处理上一个命令产生的数据。在生产环境中，把命令的结果作为变量的内容进行赋值的方法，在脚本开发时很常见，如按天打包网站的站点目录程序，生成不同的文件名，具体如下所示。

例 1-7 利用命令的输出结果赋值。

```
[root@tianyun ~]# cmd=`date +%F`
[root@tianyun ~]# echo $cmd
2019-05-20
[root@tianyun ~]# echo `date +%F`.tar.gz
2019-05-20.tar.gz
```

设置当前日期（格式为 2019-05-20）赋值给 cmd 变量，也就是说将 date +%F 命令的输出结果赋值给 cmd，然后用 echo $cmd 显示出来。

1.9.5 从文件中读入数据赋值

这种方式适合处理大批量的数据，直接把相应的数据写入文件中，通过脚本中的命令把文件中的数据读取到脚本程序中以便使用。

通常是通过 while 循环一行行读入数据，即每循环一次，就从文件中读入一行数据，直到读取到文件的结尾，具体如下所示。

例 1-8 从文件中读入数据赋值。

```
[roto@tianyun ~]# vim LINE.sh
#!/bin/bash
ls *.sh >execfile
while read LINE
do
    echo $LINE
done<execfile
```

从以上代码可以看出，文件 execfile 的内容通过 while 循环被读入到脚本中，并且每一行数据赋值给了 LINE，之后使用 echo 显示出来。这里文件的内容读取使用了 while 的输入重定向。

在 Shell 中，定义或引用变量应注意一些问题，如单引号、双引号和反引号（``）的使用。使用单引号时，不管引号里面是否有变量或者其他的表达式，都是原样输出；如果定义变量时使用双引号，则引号里面的变量或者函数会先解析再输出内容，而不是把双引号中的变量名以及命令原样输出；反引号的作用是命令调用。也就是说，想要显示变量的值使用双引号，单引号中是没有变量的，反引号等价于$()。反引号的 Shell 命令会被先执行。

定义变量 name="tian yun"使用双引号显示结果如下：

```
[root@tianyun scripts]# name="tian yun"
[root@tianyun scripts]# boy="$name is good."; echo $boy
tian yun is good
```

使用单引号显示结果如下：

```
[root@tianyun scripts]# boy='$name is good.'; echo $boy
$name is good.
```

反引号应用举例说明：

```
[root@tianyun ~]# touch `date +%F`_file1.txt
[root@tianyun ~]# ls
1.sh 2.sh 2019-05-20_file1.txt
```

等价于：

```
[root@tianyun ~]# touch $(date +%F)_file1.txt
[root@tianyun ~]# ls
```

```
1.sh 2.sh 2019-05-20_file1.txt
```

1.10 Shell 变量的运算

在 Linux 的 Shell 中，变量值的类型默认是字符串，不能直接进行运算，如果需要对 Shell 变量进行运算，需要使用特殊方法。Shell 中用于整数运算的方法有 expr、(())和$[]。Shell 也可以对小数进行运算。接下来逐一详细讲解 Shell 中各种运算符号及运算命令。

1.10.1 expr 数值运算命令

expr 命令既可以用于整数运算，也可以用于相关字符串长度、匹配等运算处理。语法格式为 expr expression，即 expr 命令加表达式，具体如下所示。

例 1-9 expr 数值运算命令。

```
[root@tianyun ~]# num1=10
[root@tianyun ~]# num2=20
[root@tianyun ~]# expr $num1 + $num2
30
[root@tianyun ~]# expr 2 \* 2
4
```

在使用 expr 命令时，需要注意运算符及用于计算的数字两边必须有空格，否则会执行失败。另外，expr 也支持乘号运算，在使用乘号运算时必须用反斜线转义，因为 Shell 可能将其误解为*号。

1.10.2 "(())" 或 "[ ]" 数值运算命令

双小括号 "(())" 的作用是进行整数运算和数值比较，其效率很高，用法也非常灵活，是企业应用中常见的运算操作符，格式为 "((表达式))"，或 "[表达式]"，括号内部两侧可以有空格，也可省空格；需要直接输出运算表达式的运算结果时，可以在 "((表达式))" 前加$符。

例 1-10 "(())" 或 "[]" 数值运算命令。

```
[root@tianyun ~]# num1=10
[root@tianyun ~]# num2=20
[root@tianyun ~]# sum=$(($num1+$num2))
[root@tianyun ~]# echo $sum
30
[root@tianyun ~]# echo sum=$[$num1+$num2]
sum=30
```

以上脚本定义 num1=10、num2=20，运算采用双小括号或中括号的格式，再用 echo 把运算结果显示出来。

1.10.3 let 数值运算命令

let 数值符号可以直接进行计算，且不带回显功能，也就是说当使用 let 的时候，不再使用$ 引用变量。let 运算命令的语法格式为：let 赋值表达式，其功能等同于"((赋值表达式))"，具体如下所示。

例 1-11 let 数值运算命令。

```
[root@tianyun ~]# sum=2
[root@tianyun ~]# sum=sum+8
[root@tianyun ~]# echo $sum
sum+8
[root@tianyun ~]# unset sum
[root@tianyun ~]# sum=2
[root@tianyun ~]# let sum=sum+8
[root@tianyun~]# echo $sum
10
```

以上代码演示了是否使用 let 进行赋值的区别。首先给一个值为 2 的 sum 自加 8，不用 let 进行赋值运算时，则输出结果为 sum+8；取消变量后，sum 再次被赋值为 2，采用 let 赋值后，则输出结果为 10。

1.10.4 Shell 小数运算

bc 是 UNIX/Linux 下的计算器。它还可以作为命令进行小数运算，用于交互和非交互，但一般用得较少。具体如下所示。

例 1-12 Shell 小数运算。

```
[root@tianyun ~]#echo "2*4" |bc
```

以上利用 echo 输出表达式，通过管道给 bc 计算，此方法效率较低。

1.11 Shell 变量的删除、替换和替代

Linux 提供了一些可以直接对变量进行操作的符号。通过这些符号，变量中的部分内容可以被删除、替换和替代。在 Shell 中，变量的删除、替换和替代也是非常重要的。通过简单的操作修改变量，可以减少代码的行数并提高可读性。

1.11.1 Shell 变量的删除

变量删除的操作方式，如表 1.4 所示。

表 1.4   **变量删除的操作方式**

格式	说明
${变量名#关键字符}	如果变量内容从头开始的数据符合"关键字符",则将符合的最短数据删除
${变量名##关键字符}	如果变量内容从头开始的数据符合"关键字符",则将符合的最长数据删除
${变量名%关键字符}	如果变量内容从尾开始的数据符合"关键字符",则将符合的最短数据删除
${变量名%%关键字符}	如果变量内容从尾开始的数据符合"关键字符",则将符合的最长数据删除

具体如下所示。

例 1-13 Shell 变量的删除。

```
[root@tianyun ~]# file=/dir1/dir2/dir3/my.file.txt   //定义一个变量
[root@tianyun ~]# echo $file      //显示定义的变量
/dir1/dir2/dir3/my.file.txt
[root@tianyun ~]# echo ${file#*/}     //最短匹配,删除/和左边的字符串
dir1/dir2/dir3/my.file.txt
[root@tianyun ~]# echo ${file##*/}     //最长匹配,删除/和右边的字符串
my.file.txt
[root@tianyun ~]# echo ${file%/*}     //删除/和右边的字符串,最短匹配
/dir1/dir2/dir3
[root@tianyun ~]# echo ${file%%/*}     //删除/和右边的字符串,最长匹配,此为空值,因为已
全部删除
```

1.11.2 Shell 变量的替换

在日常工作中,常常需要判断某个变量是否存在。若变量存在则使用既有的配置,若变量
不存在,则给予一个常用的配置。变量替换的操作方式如表 1.5 所示。

表 1.5   **变量替换的操作方式**

格式	说明
${变量名/旧字符串/新字符串}	若变量内容符合【旧字符串】,则第一个【旧字符串】会被【新字符串】替换
${变量名//旧字符串/新字符串}	若变量内容符合【旧字符串】,则全部【旧字符串】会被【新字符串】替换

例 1-14 Shell 变量的替换。

```
[root@tianyun ~]#var=www.baidu.com
[root@tianyun ~]#echo ${var/baidu/qfedu}
www.qfedu.com  //将旧字符 baidu 替换为新字符串 qfedu
[root@tianyun ~]#var=www.sina.com.cn
[root@tianyun ~]echo ${var//n/N}
www.siNa.com.cN        //新字符 N 替换全部旧字符 n
```

1.11.3　Shell 变量的替代

在某些情况下，给一些变量设置默认值是比较有意义的。例如，在连接数据库时，需要使用端口，这个端口既可以是预先设置的具体端口，也可以是用户输入的端口。假如用户没有输入具体的端口，脚本中就使用预先设置的端口。

给 Shell 变量设置默认值的格式为 "${变量名-新的变量值}"，如果变量名没有被赋值，则会使用 "新的变量值"，如果变量已被赋值（包括空值），则该值不会被替代，具体如下所示。

例 1-15　Shell 变量的替代。

```
[root@tianyun ~]# unset port    //取消变量 port，以便确认 port 没有被赋值
[root@tianyun ~]# echo ${port-3306}
3306    //此时变量 port 没有被赋值，则使用 3306
[root@tianyun ~]# port=3307   //变量 port 被赋值为 3307
[root@tianyun ~]# echo ${port-3306}
3307      //此时变量已被赋值，则不会使用 3306
```

1.12　Shell 变量的自增

Shell 变量的自增运算符是 i++ 和 ++i。i++ 表示先赋值再自加，++i 表示先自加再赋值。这一节讲解 i++ 和 ++i 分别对变量值的影响和对表达式的影响。在运维工作中，这两个自增运算符还是比较实用的，要求读者理解并运用。

例 1-16　i++ 和 ++i 对变量值的影响。

```
[root@tianyun ~]# i=1
[root@tianyun ~]# let i++
[root@tianyun ~]# echo $i
2
[root@tianyun ~]# j=1
[root@tianyun ~]# let ++j
[root@tianyun ~]# echo $j
2
```

可以看出，不管是先赋值再自加还是先自加再赋值，其结果都是一样的。接下来看另外一个例子。

例 1-17　i++ 和 ++i 对表达式值的影响。

```
[root@tianyun ~]# unset i
[root@tianyun ~]# unset j
[root@tianyun ~]#
```

```
[root@tianyun ~]#i=1
[root@tianyun ~]#j=1
[root@tianyun ~]#
[root@tianyun ~]#let x=i++    //先赋值,再运算
[root@tianyun ~]#let y=++j    //先运算,再赋值
[root@tianyun ~]#
[root@tianyun ~]# echo $i
2
[root@tianyun ~]#echo $j
2
[root@tianyun ~]#echo $x
1
[root@tianyun ~]#echo $y
2
```

从以上代码可以看出,先赋值再自加运算和先自加运算再赋值,表达式结果是不一样的。

1.13　Shell 变量中的特殊符号

在日常运维工作中,灵活使用特殊符号是很重要的。例如,"#"用在行首表示程序开头的注释;";"作为命令的分隔符,分隔同一行上两个或者两个以上的命令。接下来演示常见的特殊符号的用法,具体如下所示。

例 1-18　"#"表示注释。行首为#(#!是个例外)表示此行是注释。

```
# Network information
```

注释也可以放在本行命令的后面,需要注意的是#两边有空格。

```
echo " A comment will follow."  #
```

注释也可以放在本行行首空白的后面。

```
# A tab precedes this comment.
```

注意,命令是不能放在同一行注释后边的,因为注释无法结束,同一行中后边的代码就无法生效,只能执行下一个命令。当然,在 echo 中转义的#是不能作为注释符号的。同样,#也可以出现在特定的参数替换结构中,或出现在数字常量表达式中。举例如下。

```
echo "The # here does not begin a comment."
echo 'The # here does not begin a comment.'
echo The \# here does not begin a comment.
echo ${PATH#*:}  # 参数替换,不是一个注释
```

例 1-19 ";" 在同一行中分隔两个或者两个以上的命令。

```
echo  hello;echo there
```

当然，";"也适用于循环语句，具体代码演示如下。

```
[root@tianyun ~]# vim fileexists.sh
#!/bin/bash
if [ -x "$filename" ]; then
        echo "File $filename exists."; cp $filename $filename.bak
else
        echo "File $filename not found."; touch $filename
fi
```

例 1-20 ";;" 用于终止 case 选项。

```
[root@tianyun ~]# vim vari.sh
#!/bin/bash
case "$variable" in
abc)
        echo "\$variable = abc"
        ;;
xyz)
        echo "\$variable = xyz"
        ;;
esac
```

"."等价于 source 命令。它是 bash 中的一个内建命令。"."也可以作为文件名的一部分，如果"."放在文件名的开头，那么这个文件将会成为"隐藏文件"，ls 命令将不会正常显示出这个文件。举例如下。

例 1-21 命令示例。

```
#显示出当前目录的文件
[root@tianyun ~]# ls -l
total 20
-rw-------   1 root root      1944 May  8 10:24 anaconda-ks.cfg
-rwxr-xr-x   1 root root       196 May 21 17:14 arr.sh
-rw-r--r--   1 root root         0 Apr 19 12:06 bashrc
-rwxr-xr-x   1 root root       106 May 26 16:09 case.sh
-rwxr-xr-x   1 root root       469 May 21 14:36 create_user.sh
drwxr-xr-x.  2 root root         6 Apr 15 11:18 Desktop
drwxr-xr-x.  2 root root         6 Apr 15 11:18 Documents
drwxr-xr-x.  2 root root         6 Apr 15 11:18 Downloads
#显示当前目录带点的隐藏文件
[root@tianyun ~]# ls -al
total 40
dr-xr-x---. 23 root root      4096 May 26 16:09 .
dr-xr-xr-x. 21 root root      4096 Apr 19 10:35 ..
```

```
-rw-------      1 root root     1944 May  8 10:24 anaconda-ks.cfg
-rwxr-xr-x      1 root root      196 May 21 17:14 arr.sh
-rw-------.     1 root root    22103 May 24 15:41 .bash_history
-rw-r--r--.     1 root root       18 Dec 29  2013 .bash_logout
-rw-r--r--.     1 root root      176 Dec 29  2013 .bash_profile
-rw-r--r--      1 root root        0 Apr 19 12:06 bashrc
-rw-r--r--      1 root root      399 Apr 19 12:07 .bashrc
drwx------.    15 root root      277 Apr 19 13:30 .cache
-rwxr-xr-x      1 root root      106 May 26 16:09 case.sh
drwx------.    14 root root      261 Apr 15 11:21 .config
-rwxr-xr-x      1 root root      469 May 21 14:36 create_user.sh
-rw-r--r--      1 root root    12288 May 21 14:39 .create_user.sh.swp
-rw-r--r--.     1 root root      100 Dec 29  2013 .cshrc
drwx------.     3 root root       25 Apr 15 11:16 .dbus
drwxr-xr-x.     2 root root        6 Apr 15 11:18 Desktop
drwxr-xr-x.     2 root root        6 Apr 15 11:18 Documents
drwxr-xr-x.     2 root root        6 Apr 15 11:18 Downloads
```

当点作为目录名时，一个单独的点代表当前的工作目录，而两个点代表上一级目录。具体如下所示。

```
[root@tianyun /var/lib/gdm]# pwd
/var/lib/gdm
[root@CentOS 7 /var/lib/gdm]# cd .
[root@CentOS 7 /var/lib/gdm]# pwd
/var/lib/gdm
[root@tianyun /var/lib/gdm]# cd ..
[root@tianyun /var/lib]# pwd
/var/lib
#点经常会出现在文件移动命令的目的参数（目录）的位置上
[root@tianyun /var/lib]# cp /var/lib/misc/* .
```

例 1-22 空命令 ":" 和 true 命令作用相同。

```
[root@tianyun /var/lib/misc]# :
[root@tianyun /var/lib/misc]# echo $?
0
```

在 while 死循环和 if/then 中也可使用这个命令，具体如下所示。

```
while:
do
    operation1
    operation2
done
#与下面的代码相同
while true
do
    …
done
```

在 if/then 中使用冒号引出分支，具体如下所示。

```
if 条件
then : #什么也不做，引出分支
else
    action
fi
```

反引号命令被调用时，可以使用冒号，具体如下所示。

```
: $[username `whoami`]
# $[username= `whoami`]
```

例 1-23 "$"表示变量替换或引用变量的内容。

```
[root@tianyun ~]# var1=68
[root@tianyun ~]# var2=tianyun
[root@tianyun ~]# echo $var1
68
[root@tianyun ~]# echo $var2
tianyun
```

以上代码是在一个变量前面加上"$"来引用这个变量的值。"$"还可以用在行尾，作为行结束符。

各种特殊符号的含义如表 1.6 所示。

表 1.6 各种特殊符号的含义

符号	含义
( )	子 Shell 中执行
(( ))	数值比较、运算，支持正则。如((i=1;i<3;i++))，((command1 && command2))
$( )	命令替换，如=> `command `
$(( ))	支持运算，如$((1+2))
{ }	集合，可将命令与字符串隔开，如${Num}%
${ }	变量的引用
[ ]	文件测试、数值比较、文件比较、字符串比较，如[-a] 且，[-o] 或
[[ ]]	增加了对正则的支持，如[=~] 包含，[[‖]] 或，[[&&]] 且
$[ ]	支持变量运算，如$[2**2]=>2^2 => $ [var1**var2]
# ./01.sh	需要执行权限，在子 Shell 中执行
# bash sh	不需要执行权限，在子 Shell 中执行
# .01.sh	不需要执行权限，在当前 Shell 中执行

续表

符号	含义
# source 01.sh	不需要执行权限，在当前 Shell 中执行
# sh -n 02.sh	仅调试 syntax error
sh -vx 02.sh	以调试的方式执行，查询整个执行过程

需要注意的是，我们通常会修改系统中的配置文件（如/etc/profile）的 PATH 等变量，使之在当前 Shell 中生效。

1.14　本章小结

本章主要对 Shell 中各种变量进行了讲解，要求读者掌握 Shell 中不同的符号，以及它们在不同场合的使用方法，能够准确快速地利用它们写出 Shell 脚本，来完成日常运维工作。

1.15　习题

1．填空题

（1）Shell 变量的类型分为自定义变量、_____、_____和_____。

（2）$0 代表_____，$@代表_____。

（3）Shell 变量的赋值方式有直接赋值_____、使用命令行参数赋值、_____、_____。

（4）命令 echo ${val-hello} 会输出_____。

（5）在命令行中，&&表示_____，||表示_____。

2．选择题

（1）下列对 Shell 变量 FRUIT 的操作，正确的是（　　）。

　　A．为变量赋值：$FRUIT=apple　　　　B．显示变量的值：fruit=apple

　　C．显示变量的值：echo $FRUIT　　　　D．判断变量是否有值：[-f "$FRUIT"]

（2）在程序使用变量时，要在变量名前面加上一个符号（　　）。这个符号告诉 Shell，要取出其后变量的值。

　　A．～　　　　　　B．#　　　　　　　C．$　　　　　　　D．&

（3）下面的环境变量（　　）表示上一条命令执行后的返回值。

　　A．$#　　　　　　B．$?　　　　　　　C．$$　　　　　　D．$*

（4）有已知变量 url=www.qfedu.com，目前希望得到 www.QFedu.com，下面对变量 url 操作正确的是（　　）。

　　A．echo ${url/qf/QF}　　　　　　　　B．echo ${url/qf/QF/}

    C．echo ${url##.#}   D．echo ${url//www//}

（5）希望变量 current_da 的值是当前的日期，下面命令正确的是（　　　）。

    A．current_da=$(data +%F)   B．current_da=`date +%F`

    C．current_da="data +%F"   D．current_da=(date +%F)

3．思考题

（1）i++和++i 有什么区别？

（2）列出三种小数（浮点数）运算方式。

4．编程题

（1）给变量设置默认值。

（2）printf 格式化输出文本颜色。

第2章　Shell条件测试

本章学习目标

- 掌握 Shell 中的条件测试语句
- 掌握 if 条件语句
- 掌握 case 条件语句
- 掌握使用 if 和 case 条件语句编写脚本

Shell 脚本就是各种命令、判断和循环语句的集合，如 Linux 命令、if 条件语句、for 循环语句等，也就是说 Shell 脚本把含有逻辑运算的一段可执行代码写在了程序文件中。本章主要讲解 if 和 case 条件测试，要求读者掌握 if 条件语句和 case 条件语句的语法和实际应用。

2.1　Shell 中的条件测试语句

在 Shell 中，各种条件结构通常都需要进行各种测试，然后根据测试结果执行不同的操作。测试判断有时也会与 if 等条件语句相结合，以减少程序运行的错误。

在 Shell 中，对指定的条件进行判断，执行条件测试表达式后通常会返回"真"或"假"，就像执行命令后的返回值为 0 表示真、非 0 表示假一样。接下来详细介绍各种测试语句。

2.1.1　文件测试

在 Shell 编程中，通常使用 test 命令进行条件测试，语法形式为"test <测试表达式>"。注意，利用 test 命令进行条件测试表达式时，test 命令和 "<测试表达式>" 之间至少有一个空格，如例 2-1 所示。

例 2-1 文件测试示例 1。

```
test -f file && echo true || echo false
```

语句 test -f 参数用于判断 file 是否存在且是否为普通文件，如果 file 存在且为普通文件，则输出 true，否则输出 false。

除 test 可以使用"<测试表达式>"外，还有一种方式可以使用"<测试表达式>"，就是使用中括号，语法格式为"[<测试表达式>]"。通过[]进行条件测试的方法，与 test 命令用法相同，推荐使用此方法，具体如下所示。

例 2-2 文件测试示例 2。

```
[ -f file ] && echo 1 || echo 0
```

以上语句和使用 test 命令效果一样，表示为如果 file 文件存在，则输出 1，否则输出 0。文件测试操作符如表 2.1 所示。

表 2.1　　　　　　　　　　　　　　文件测试操作符

操作符	含义
-d	测试是否为目录（Directory）
-a	测试目录或文件是否存在（Exist）
-f	测试是否为文件（File）
-r	测试当前用户是否可读（Read）
-w	测试当前用户是否可写（Write）
-x	测试当前用户是否可执行（Excute）

2.1.2　整数测试

整数测试通常用于数值之间的运算，其语法格式为[整数 1 操作符 整数 2]或 test 整数 1 操作符 整数 2。整数测试操作符如表 2.2 所示。

表 2.2　　　　　　　　　　　　　　整数测试操作符

操作符	含义
-eq	等于（Equal）
-ne	不等于（Not Equal）
-gt	大于（Greater Than）
-lt	小于（Lesser Than）
-le	小于或等于（Lesser or Equal）
-ge	大于或等于（Greater or Equal）

下面演示整数测试的使用场景。

例 2-3　测试主机是否正常的脚本。

```
[root@tianyun ~]# vim ping001.sh
#!/bin/bash
ip=10.18.42.1
i=1
while [ $i -le 5 ]
do
        ping -c1 $ip &>/dev/null
        if [ $? -eq 0 ];then
            echo "$ip is up. . ."
        fi
        let i++
done
```

以上代码测试主机是否正常，使用 while 循环，设置 i 的初值为 1，如果 i 小于等于 5 且 $? 执行结果为 0，则主机是正常状态的。

另外，也可以使用 C 语言中的关系运算符比较两个变量的大小，比较的结果是一个布尔值，即 true 或 false。注意要用双小括号(( ))。

关系运算符如表 2.3 所示。

表 2.3　　　　　　　　　　　　　　　**关系运算符**

符号	含义
==	等于（Equal）
! =	不等于（Not Equal）
>	大于（Greater Than）
<	小于（Lesser Than）
<=	小于或等于（Lesser or Equal）
>=	大于或等于（Greater or Equal）

例 2-4　关系运算符。

```
[root@tianyun ~]# ((1<2));echo $?
0 //判断 1 小于 2，执行结果显示为真
[root@tianyun ~]#((1==2));echo $?
1 //判断 1 不等于 2，执行结果显示为假
```

2.1.3　字符串测试

字符串测试操作符的作用包括比较字符串是否相同、测试字符串的长度是否为 0。书写表达式为[字符串 1 = 字符串 2]、[字符串 1 ! = 字符串 2]或[-z 字符串]。

字符串测试运算符如表 2.4 所示。

表 2.4   字符串测试运算符

符号	含义
-z	判断字符串长度是否为 0
-n	判断字符串长度是否为非 0
!=	判断两个字符串是否不相等
=	判断两个字符串是否相等

例 2-5 字符串测试脚本。

```
[root@tianyun ~]# vim install.sh
#!/bin/bash
if [ $user != root ];then
    echo "你没有权限"
    exit
fi
yum -y install httpd
```

以上是安装服务的脚本，判断变量 user 的值是否为 root，如果为 root 则安装 httpd，如果不是 root，则显示"你没有权限"。

2.1.4 逻辑运算符

在 Shell 条件测试中，使用逻辑运算符实现复杂的条件测试，逻辑运算符用于操作两个变量。逻辑运算符语法格式为：

```
［表达式 1］操作符［表达式 2］
```

或：

```
命令 1 操作符 命令 2
```

逻辑运算符如表 2.5 所示（注意：-a 和-o 放在[]里面用，&&和||放在[]外面用）。

表 2.5   逻辑运算符

运算符	含义
-a 或 &&	判断操作符两边均为真，结果为真，否则为假，"逻辑与"
-o 或 ||	判断操作符两边一边为真，结果为真，否则为假，"逻辑或"
!	判断操作符两边均为假，结果为真，否则为假，"逻辑否"

例 2-6 -a 和&&的运算规则。

```
[root@tianyun ~]# [ -f /etc/hosts -a -f /etc/services ] && echo 1 || echo 0
1
```

以上测试只有逻辑操作符两边的表达式都为真，则结果为真，输出 1，否则为假，对应的数字为 0。

2.2　if 条件语句

流程控制语句有三类，分别为顺序语句、分支语句（条件语句）、循环语句。对于 if 条件语句可以简单理解为汉语中的"如果……那么……"。if 条件语句在实际生产工作中使用最频繁，也是最重要的语句，因此要求读者必须牢固掌握。

2.2.1　if 单分支

if 条件语句的单分支结构语法格式为：

```
if [条件表达式]
    then
        代码块
fi
```

或：

```
if [条件表达式];then
    代码块
fi
```

每个 if 条件语句都以 if 开头，并带有 then，最后以 fi 结尾，if 单分支结构主体是"如果……那么……"，表示为如果条件表达式的结果为真，则执行代码块中代码；如果条件表达式为假，则不执行。接下来演示 if 单分支语句的用法。

例 2-7　if 单分支语句判断文件是否存在。

```
[root@tianyun ~]vim ping01.sh
#!/bin/bash
if [ -f /etc/hosts ];then
        echo "1"
fi
```

以上代码用 if 单分支语句判断文件/etc/hosts 是否存在，如果存在，则返回 1。

2.2.2　if 双分支

if 条件语句的单分支结构主体就是"如果……那么……"，而 if 条件语句的双分支结构主体则为"如果……那么……否则……"。

if 条件语句的双分支结构语法格式为：

```
if [条件表达式]
```

```
        then
            代码块 1
    else
            代码块 2
    fi
```

另外，if 双分支结构主体也可以把 then 和 if 放在一行用分号（;）隔开，表示如果条件表达式为真，那么执行代码块 1，否则执行代码块 2。接下来演示 if 双分支语句的用法，具体如下所示。

例 2-8　判断定义的名字是否为空。

```
[root@tianyun ~]vim name.sh
#!/bin/bash
name=yang
if [ -z "$name" ]
    then
        echo yes
else
        echo no
fi
```

以上示例是判断$name 是否为空，如果$name 为空，则结果显示为 yes；否则结果显示为 no。

2.2.3　if 多分支

if 条件语句多分支结构的主体为"如果……就……否则……就……否则……"。if 条件语句的多分支结构语法格式为：

```
if [条件表达式 1];then
        代码块 1
elif [条件表达式 2];then
        代码块 2
elif [条件表达式 3];then
        代码块 3
else
        代码块 4
fi
```

多分支 elif 的写法，每个 elif 都要带有 then，最后结尾的 else 后面没有 then。另外，根据 if 条件语句多分支结构的主体为："如果……就……否则……就……否则……"，表示为如果条件表达式 1 为真，那么执行代码块 1；或者条件代码块 2 为真，执行代码块 2；或者条件表达式 3 为真，执行代码块 3；否则执行代码块 4。

例 2-9　if 条件语句安装 Apache。

```
[root@tianyun ~]vim name.sh
#!/bin/bash
#install apache
#v1.0 by tianyun 2019-05-20
gateway=192.168.122.1

ping -c1 www.baidu.com &>/dev/null
if [ $? -eq 0 ];then
        yum -y install httpd
        systemctl start httpd
        systemctl enable httpd
        firewall-cmd --permanent --add-service=http
        firewall-cmd --permanent --add-service=https
        firewall-cmd -reload
        sed -ri '/^SELINUX=/cSELINUX=disabled' /etc/seLinux/config
        setenforce 0
elif ping -c1 $gateway &>/dev/null;then
        echo "check dns…"
else
        echo "check ip address!"
fi
```

以上代码先是判断 DNS 解析是否正常，如果返回值为 0，则表示 DNS 正常，开始安装 HTTP 服务；否则判断网关是否正常，如果正常，则提示检查 DNS，否则检查 IP 地址是否正确。

2.2.4　if 语句配置 yum 源实战脚本

根据当前操作系统的版本，配置不同的 yum 源版本。下面是使用 if 多分支结构编写的根据系统版本配置 yum 源的脚本，具体如下所示。

例 2-10　多系统配置 yum 源脚本。

```
[root@tianyun ~]#vim config_yum.sh
#!/bin/bash
#yum config
yum_server=10.18.40.100
os_version=`cat /etc/redhat-release |awk '{print $4}'\
|awk -F"." '{print $1"."$2}'`    #打印系统版本号
[ -d /etc/yum.repos.d ] || mkdir /etc/yum.repos.d/bak
mv /etc/yum.repos.d/*.repo /etc/yum.repos.d/bak
if [ "$os_version" = "7.3" ];then
    cat >/etc/yum.repos.d/CentOS 7u3.repo <<-EOF
    [CentOS 7u3]
    name=CentOS 7u3
    baseurl=ftp://$yum_server/CentOS 7u3
    gpgcheck=0
    EOF
    echo "7.3 yum configure…"
```

```
elif [ "$os_version" = "6.8" ];then
        cat >/etc/yum.repos.d/CentOS 6u8.repo <<-EOF
        [CentOS 6u8]
        name=CentOS 6u8
        baseurl=ftp://$yum_server/CentOS 6u8
        gpgcheck=0
        EOF
elif [ "$os_version" = "5.9" ];then
        cat >/etc/yum.repos.d/CentOs 5u9.repo <<-EOF
        [CentOs 5u9]
        name=CentOs 5u9
        baseurl=ftp://$yum_server/CentOs 5u9
        gpgcheck=0
        EOF
else
        echo "error"
fi
```

以上脚本首先进行系统版本的判断，根据不同的系统版本配置不同的 yum 源版本，如果系统版本为 CentOS 7.3，则配置 CentOS 7.3 的 yum 源，否则如果系统版本号为 CentOS 6.8，则配置 CentOS 6.8 的 yum 源，否则配置 CentOS 5.9 的 yum 源。读者可以看出此脚本比较烦琐，后面会讲解函数，可以编写函数，然后通过调用函数传参进行简化。

2.3　case 条件语句

case 条件语句相当于多分支的 if/elif/else 条件语句。由于 if 语句看起来略微复杂，case 条件语句看起来比 if 语句更加简洁工整，故此 case 常应用在实现系统服务启动脚本等企业应用场景中。

下面介绍 case 条件语句的语法。

在 Shell 编程中，case 语句有固定的语法格式。其语法格式为：

```
case 变量值 in
  条件表达式1)
    代码块1
    ;;
  条件表达式2)
    代码块2
    ;;
  条件表达式3)
    代码块3
    ;;
  *)
    无匹配后代码块
esac
```

在 case 语句中，程序会获取 case 语句中的变量值。如果变量值满足条件表达式 1，则执行代码块 1；如果满足条件表达式 2，则执行代码块 2；如果满足条件表达式 3，则执行代码块 3；执行到双分号（;;）停止；如果都不满足，则执行*)后面的代码块（此处的双分号可以省略）。只要满足一个条件表达式就会跳出 case 语句主体，执行 esac 字符后面的命令。

条件表达式匹配如表 2.6 所示。

表 2.6　　　　　　　　　　　　　　条件表达式匹配

条件表达式	说明
*	任意字符
?	任意单个字符
[abc]	a、b、c 其中之一
[a-n]	从 a 到 n 的任一字符
|	多重选择

2.4　case 条件语句案例实战

2.4.1　case 删除用户判断

case 语句结合 read 命令（读入用户输入的内容），与对应的变量名建立关联。如果用户输入正确的内容，返回一个结果；如果输入其他内容，返回另外一个结果。首先用 if 条件语句写一个删除用户的脚本。

例 2-11　if 条件语句删除用户脚本。

```
[root@tianyun ~]#vim del_user.sh
#!/bin/bash
#v1.0 by tianyun 2020-8-20
read -p "Please input a username: " user
#打印信息提示用户输入，输入信息赋值给 user 变量
id $user &>/dev/null
if [ $? -ne 0 ];then
     echo "no such user: $user"
     exit 1
fi
read -p "Are you sure?[y/n]: " action
if [ "$action" = "y" -o "$action" = "Y" -o "$action" = "YES" -o "$action" = "yes" ];then
     userdel -r $user
     echo "$user is deleted"
fi
```

使用 if 语句实现提示用户输入信息并赋值给 user 变量。如果返回值不等于 0，则显示没有

这个用户，否则用户存在。然后，根据脚本的提示信息删除用户。接下来演示 case 语句删除用户的用法，具体如下所示。

例 2-12　case 条件语句删除用户脚本。

```
[root@tianyun ~]#vim del_user.sh
#!/bin/bash
#v1.0 by tianyun 2020-8-20
read -p "Please input a username: " user
#打印信息提示用户输入，输入信息赋值给 user 变量
id $user &>/dev/null
if [ $? -ne 0 ];then
        echo "no such user: $user"
        exit 1
fi
read -p "Are you sure?[y/n]: " action
case "$action" in
y|Y|yes|YES)
        userdel -r $user
        echo "$user is deleted!"
        ;;
*)
        echo "error"
esac
```

2.4.2　case 实现系统工具箱的使用

系统工具箱就是查看系统情况，如内存大小、磁盘负载、CPU 大小。接下来演示 case 条件语句实现简单的系统工具箱脚本，具体如下所示。

例 2-13　case 条件语句实现简单的系统工具箱脚本。

```
[root@tianyun scripts]#vim system_manager01.sh
#!/bin/bash
#systemc manage
#v1.0 by tianyun 2020-8-20
menu() {
cat <<-EOF
        ###############################################
        #              h. help                       #
        #              f. disk partition             #
        #              d. filesystem mount           #
        #              m. memory                     #
        #              u. system load                #
        #              q. exit                       #
        ###############################################
EOF
}
menu
while true
```

```
do
        read -p "Please input[h for help]: " action
        clear
        case "$action" in
        h)
                menu
                ;;
        f)
                fdisk -l
                ;;
        d)
                df -Th
                ;;
        m)
                free -m
                ;;
        u)
                uptime
                ;;
        q)
                break
                ;;
        "")
                ;;
        *)
                echo "error"
        esac
done
echo "finish……"
```

采用 cat 命令打印菜单，如果用户输入 h，则打印出菜单；如果用户输入 f，则执行磁盘分区命令；如果用户输入 d，则执行磁盘空间使用情况；如果用户输入 m，则执行内存使用情况；如果用户输入 u，则执行 uptime 命令，这个命令主要用于获取主机运行时间和查询 Linux 系统负载等信息；如果用户输入 q，则跳出整个循环；如果用户输入为空则不显示内容，否则显示错误。

2.4.3　case 实现 jumpserver

jumpserver 是一款用 Python 编写的开源跳板机（堡垒机）系统，实现了跳板机应有的功能。它是基于 SSH 协议来管理的，客户端无须安装 Agent。相信诸位对跳板机（堡垒机）不会陌生，为了保证服务器安全，加个堡垒机，所有 SSH 协议连接都通过堡垒机来完成，堡垒机也需要有身份认证、访问控制、审计等功能。

下面主要是用 case 条件语句来实现跳板机。整个架构设计如下：用户以 alice 用户登录到跳板机，在跳板机上用 case 编写个脚本跳转到后端的三个服务器，分别为 web1、web2、mysql1。指定用户登录到系统就会执行脚本。执行脚本的命令放在 alice 用户根目录的.bashrc_profile 文件中。其中，用户登录到跳板机可以有两个方式认证，一种是密码认证，另一种是密钥认证。

接下来演示 case 条件语句实现跳板机的用法，具体如下所示。

例 2-14　通过密码认证实现跳板机脚本。

```
[alice@tianyun ~]$ vim jumpserver.sh
#!/bin/bash
#jumpserver
web1=192.168.122.241
web2=192.168.122.52
mysql1=192.168.122.210
     cat <<-EOF
          +--------------------------------------+
          |                  jumpserver          |
          |              1. web1                  |
          |              2. web2                  |
          |              3. mysql1                |
          +--------------------------------------+
EOF
     read -p "input number: " num
     case "$num" in
     1)
          ssh alice@$web1
          ;;
     2)
          ssh alice@$web2
          ;;
     3)
          ssh alice@$mysql1
          ;;
     "")
          ;;
     *)
          echo "error"
     esac
```

采用 cat 命令打印菜单，如果用户输入信息为 1，则执行下面的 ssh 连接到 web1；如果用户输入信息为 2，则执行下面的 ssh 连接到 web2；如果用户输入信息为 3，则执行下面的 ssh 连接到 mysql1；如果用户输入信息为空，则不显示，否则显示错误。

另外，还可以通过密钥认证方式实现跳板机。

例 2-15　通过密钥认证脚本，先通过 ssh-keygen 生成公钥，然后将公钥推送到各个主机。

```
[alice@tianyun ~]$ ssh-keygen
[alice@tianyun ~]$ ssh-copy-id 192.168.122.241
[alice@tianyun ~]$ ssh-copy-id 192.168.122.210
[alice@tianyun ~]$ ssh-copy-id 192.168.122.52
```

密钥认证完成后，把脚本放在 alice 用户的.bashrc_profile 文件中，这样用户登录到系统就会执行这个脚本。下面是 case 语句实现 jumpserver 脚本。

```
[alice@tianyun ~]$ echo "/home/alice/jumpserver.sh" >> .bash_profile
[alice@tianyun ~]$ vim jumpserver.sh
#!/usr/bin/bash
#jumpserver
trap " " HUP INT OUIT TSIP ##这是 Linux 的捕捉信息，意思是有这几个捕捉信号了就什么都不做
web1=192.168.122.241
web2=192.168.122.52
mysql1=192.168.122.210
while
do
        cat <<-EOF
        +----------------------------------+
        |                   jumpserver                   |
        |                   1. web1                      |
        |                   2. web2                      |
        |                   3. mysql1                    |
        +----------------------------------+
    EOF
        echo -en "\e[1;32minput number: \e[0m"
        read num
        case "$num" in
        1)
                ssh alice@$web1
                ;;
        2)
                ssh alice@$web2
                ;;
        3)
                ssh alice@$mysql1
                ;;
        "")
                true
                ;;
        *)
                echo "error"
        esac
done
```

　　跳板机在生产环境中的应用场景：业务服务器不允许直接连接，但允许从跳板机连接。另外，业务服务器不允许 root 用户直接登录。

2.4.4　case 实现多版本 PHP 安装

　　PHP 是重要的中间件，PHP 具有强大场景实现功能。PHP 主要用于服务器端的脚本程序，可用它来完成 CGI 程序能完成的工作，如收集表单数据、生成动态网页、发送或接收 cookies。PHP 的功能远不局限于此。case 条件语句实现多版本 PHP 安装，具体如下所示。

　　例 2-16　case 条件语句实现多版本 PHP 安装。

```
[root@tianyun scripts]#vim install_php.sh
#!/bin/bash
#install php
install_php56() {
        echo "install php5.6…"
}
install_php70() {
        echo "install php7.0…"
}
install_php71() {
        echo "install php7.1…"
}
menu () {
        clear
        echo "###################################"
        echo -e "\t1 php-5.6"
        echo -e "\t2 php-7.0"
        echo -e "\t3 php-7.1"
        echo -e "\th help"
        echo -e "\tq exit"
        echo "###################################"
}
menu
while true
do
        echo "###################################"
        echo -e "\t1 php-5.6"
        echo -e "\t2 php-7.0"
        echo -e "\t3 php-7.1"
        echo -e "\tq exit"
        echo "###################################"

        read -p "version[1-3]: " version
        case "$version" in
        1)
                install_php56
                ;;
        2)
                install_php70
                ;;
        3)
                install_php71
                ;;
        q)
                exit
                ;;
        h)
                menu
                ;;
        "")
                ;;
```

```
            *)
                    echo "error"
                    ;;
            esac
    done
```

以上代码可以看出安装版本号有 PHP 5.6、PHP 7.0 和 PHP 7.1，设置名为 menu 的函数打印出菜单选项，提示用户输入版本号信息。如果用户输入 1，则安装 PHP 5.6；如果用户输入 2，则安装 PHP 7.0；如果用户输入 3，则安装 PHP 7.1；如果用户输入 q，则退出循环；如果用户输入 h，则打印出菜单选项；如果用户输入为空则不显示，否则打印错误。

2.5　本章小结

读者通过本章的学习，应初步了解 Shell 编程中条件测试及流程控制，重点掌握 if 条件语句和 case 条件语句的语法，能够快速编写脚本。

2.6　习题

1. 填空题

（1）条件控制语句分别为_____、_____、_____。

（2）if 双分支的语法为_____。

（3）与 if 条件语句相比，case 条件语句的突出特点是_____。

（4）case 条件语句的语法为_____。

（5）if 多分支结构语法为_____。

2. 选择题

（1）if 条件语句有（　　）种分支。

    A. 1　　　　　　　　B. 2　　　　　　　　C. 3　　　　　　　　D. 4

（2）if 多分支结构写法中，每个 elif 都要带有（　　），最后结尾的 else 后面没有（　　）。

    A. then　　　　　　　B. if　　　　　　　　C. elif　　　　　　　D. else

（3）设 A1=false，A2=true，A3=false，表达式 A1 || A2&&A3 的值为（　　）。

    A. false　　　　　　　B. true　　　　　　　C. 0　　　　　　　　D. 1

（4）若要求在 if 后一对圆括号中表示 a 不等于 0 的关系，则能正确表示这一关系的表达式为（　　）。

    A. a<>0　　　　　　　B. !a　　　　　　　　C. a=0　　　　　　　D. a != 0

（5）Shell 字符串测试中，-z 测试文件（　　）。

    A. 字符串是否为空　　　　　　　　　　　B. 字符串是否相等

      C．字符串是否为非空   D．字符串是否不相等

3．思考题

if 条件语句和 case 条件语句的区别是什么。

4．编程题

使用死循环实时显示，eth0 网卡发送的数据包。

03

第3章　Shell循环

本章学习目标
- 了解 Shell 循环的语法
- 掌握 Shell 循环的用法

循环语句常用于对一条命令或多条命令重复执行多次。与其他语言类似，Shell 语言支持的循环有常见的四种：for、while、until、select。工作中常用的是 for、while 和 until。

3.1　for 循环语法结构

for 循环主要用于固定次数的循环，而不能用于守护进程及无限循环。for 循环语句常见的语法有两种。下面将对 for 循环语句进行详尽地讲解。

第一种 for 循环的语法结构如下所示：

```
for  变量名 in 取值列表
do
    循环体
done
```

在 Shell 语言 for 循环语句中，for 关键字后面会有一个 "变量名"，变量名依次获取 in 关键字后面的变量取值表内容（以空格分隔），每次仅取一个，然后进入循环（do 和 done 之间的部分）执行循环内的所有指令，当执行到 done 时结束本次循环。之后 "变量名" 再继续获取变量列表里的下一个变量值，继续执行循环内的所有指令，当执行到 done 时结束并返回。以此类推，直到获取变量列表里的最后一个值，并进入循环执行到 done 结束为止。具体如下所示。

例 3-1   for 循环语句的用法 1。

```
[root@tianyun ~]# vim ping01.sh
#!/bin/bash
for loop in 1 2 3 4 5
do
    echo "The value is xiaoqian"
done
```

上述中参数队列为 1 至 5，因此执行 5 次 do 关键字后的语句，具体结果如下所示。

```
The value is xiaoqian
The value is xiaoqian
The value is xiaoqian
The value is xiaoqian
The value is xiaoqiao
```

第二种 for 循环语法结构风格如下：

```
for  变量名 in 取值列表;do 循环体;done
```

Shell 语言中 for 循环语句可以写成一行语句，具体形式如上所示，for 循环语句的具体执行流程不再重复讲解，需要注意的是 for 循环语句写成同一行后要使用 "；" 号将语句进行分隔，否则编译器会报错，具体如下所示。

例 3-2   for 循环语句的用法 2。

```
[root@tianyun ~]# vim ping02.sh
#!/bin/bash
for loop in 1 2 3 4 5 ;do echo "The value is xiaoqian" ;done
```

如果编写过程中缺失分号将会报错，报错情况如下所示。

```
syntax error: unexpected end of file
```

for 循环执行流程的逻辑如图 3.1 所示。

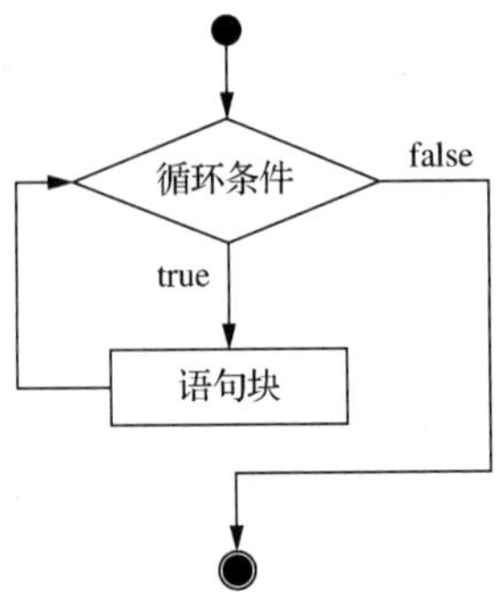

3.2   for 循环语句案例实战

3.2.1 for 循环语句实现批量主机 ping 探测

在生产环境中，查看主机是否为存活状态是很重要的，当主机数量较多时，一次次的手动查看主机状态，不仅工作量大，而且工作效率很低。这时就需要编写一个实现批量主机探测的脚本。

下面是 for 循环语句实现批量主机 ping 探测的用法，具体如下所示。

图 3.1   for 循环执行流程的逻辑

例 3-3　for 循环语句实现批量主机 ping 探测。

```
[root@tianyun scripts]#vim ping100.sh
#!/bin/bash
#ping check
>ip.txt  #先清空 ip.txt 文件内容
for i in {2..254}
do
     {
     ip=192.168.122.$i
     ping -c1 -W1 $ip &>/dev/null
     if [ $? -eq 0 ];then
          echo "$ip" |tee -a ip.txt
     fi
     }&
done
wait
echo "finish…"
```

for 循环已经知道要进行几次循环，例如，在例 3-3 中主机个数是从 2 到 254，对每台主机都 ping 一次，如果返回值为 0，则屏幕打印出 IP 地址，并将 IP 地址保存到 ip.txt 文件中。

3.2.2　for 循环语句实现批量用户创建

批量创建用户在运维工作需求中也是很常见的。接下来演示 for 循环语句实现批量用户创建的用法，具体如下所示。

例 3-4　for 循环语句实现批量用户创建。

```
#!/bin/bash
while :
do

#读取用户输入的名称、密码、数量
read -p "please enter prefix & pass & num[xu 123 1]:" prefix pass num
#打印菜单
printf "user infomation:
--------------
user prefix:$prefix
user passwd:$pass
user number:$num
--------------
"
#邀请用户确认
read -p "are you sure?[yes/no/quit]:" action
if [ "$action" = "yes" ];then
     break          ##跳出循环
elif [  "$action" = "quit"   ];then
     exit
else
```

```
            continue
    fi
done
echo "create user start"
#seq -w 是等长的意思
#调动循环创建用户
for i in `seq -w $num`
do
user=$prefix$i
id $user &> /dev/null
if [ $? -eq 0 ];then
        echo "user $user already exists"
else
        useradd $user
        echo "$pass" | passwd --stdin $user &> /dev/null
        if [ $? -eq 0 ];then
                echo "$user is created."
        fi
fi
done
```

　　一套代码程序实现一个功能，以 for 循环语句实现批量用户创建为例，while 循环语句实现用户代码输入是否正确，直到正确才结束 while 循环；for 循环实现用户是否存在，如果不存在就创建并创建密码，再看密码是否成功。

3.2.3　for 循环语句实现文件中批量用户创建

　　实现文件中批量用户创建的原理是先把批量用户和密码放在某一个文本文件中，然后写 for 循环语句调用这个文件，这个文本文件中的用户和密码如下：

```
[root@tianyun ~]#vim user1.txt
yyy8 123
ccc9 456
t5   789
rr001  111
```

　　接下来演示 for 循环语句实现批量用户创建的用法，具体如下所示。

　　例 3-5　for 循环语句实现批量用户创建。

```
[root@tianyun /scripts]#vim create_user101.sh
#!/bin/bash
#v1.0 by tianyun
#判断脚本是否有参数
if [ $# -eq 0 ];then
        echo "usage: `basename $0` file"
        exit
fi
#判断是否是文件
if [ ! -f $1 ];then
```

```
              echo "error file"
              exit
fi
#考虑一种特殊情况, 如果变量是空行, 其解决方法是重新定义分隔符
#希望 for 处理文件按回车分隔, 而不是空格或 tab 空格
#重新定义分隔符
#IFS 内部字段分隔符
#IFS=$'\n'
#批量创建用户和密码
for  line  in `cat $1`
do
        if [ ${#line} -eq 0 ];then
                echo "Nothing to do"
                continue
        fi
        user=`echo "$line" |awk '{print $1}'`
        pass=`echo "$line" |awk '{print $2}'`
        id $user &>/dev/null
        if [ $? -eq 0 ];then
                echo "user $user already exists"
        else
                useradd $user
                echo "$pass" |passwd -stdin $user &>/dev/null
                if [ $? -eq 0 ];then
                        echo "$user is created."
                fi
        fi
done
```

Linux for 循环变量中有空格怎么处理？这就需要更改分隔符为换行，在 for 循环之前修改 IFS 变量 IFS=$'\n'，这样循环就会以换行作为单词分界。以 for 循环语句实现文件中批量用户创建的脚本为例，考虑到用户文本中有空行出现，需要自定义分隔符。

3.3 expect 交互式公钥推送

3.3.1 expect 实现非交互登录

在现今的企业运维中，自动化运维已经成为主流趋势。但是在很多情况下，执行系统命令或程序时，系统会以交互式的形式要求运维人员输入指定的字符串，之后才能继续执行命令。这样的方式，对于多个服务器来说非常麻烦。用 expect 实现更简单、方便、快捷，例如，使用 SSH 远程连接服务器时，第一次连接要和系统实现两次交互式输入，其代码如下。

```
[root@tianyun ~]#ssh 192.168.1.104
The authenticity of host '192.168.1.104(192.168.1.104)'can't be established.
RSA key fingerprint is SHA256:Xdv1hQnofi8wUbhHuDckL0diNKxcg+NtuE/yVmEaa88.
```

```
RSA key fingerprint is MD5:67:c8:63:7d:a3:37:46:88:bc:1a:34:cb:e8:d3:9a:24.
Are you sure you want to continue connecting(yes/no)? yes #需要手工输入 yes
Warning:Permanently added '192.168.1.104'(RSA) to the list of known hosts.
root@192.168.1.104's password:  #需要手工输入密码
Last login: Tue Fri 20 15:07:38 2019 from 192.168.1.116
[root@tianyun ~]#
```

expect 是一个用来实现自动交互的软件，无须人工干预，如 SSH、FTP 远程连接等，正常情况下都需要手工交互，而 expect 可以模拟手工交互的过程，实现与远端程序的自动化交互，从而达到自动化运维的目的。

例如，运维工作中为了批量传输文件、批量远程命令执行（如修改密码、安装软件），客户端要连到服务器端利用 expect 的功能实现自动交互，也可以根据密钥认证（公钥认证）把密码推送到服务器上，一旦实现了公钥认证，则取消交互。接下来演示 expect 实现 SSH 非交互登录的用法。具体如下所示。

例 3-6　expect 实现 SSH 非交互登录。

```
[root@tianyun ~]# yum install expect
[root@tianyun ~]# which expect
/bin/expect

[root@tianyun scripts]# vim expect_ssh01.sh
#!/usr/bin/expect
spawn  ssh root@192.168.1.104
expect {
            "yes/no" { send "yes\r"; exp_continue }
            "password:" { send "123456\r" };
}
Interact
```

上述代码中，首行指定用来执行该脚本的命令解释器，表示程序用 expect 解释。使用 expect 的 spawn 命令开启脚本和命令的会话，这里启动的是 ssh 命令，spawn 必须使用，不然无法实现交互。随后，expect 和 send 命令用来实现交互过程，脚本首先等待用户输入信息，当脚本得到字符串时，expect 将发送回车。最后脚本等待命令退出，一旦接收到标识已经结束的 eof 字符，expect 脚本也就退出结束。由于第一次执行 ssh 命令，要输入 yes 和 password 交互，执行完成后保存交互状态，把控制权交给控制台，此时即可对远程服务器进行相关操作；如果没有 Interact，登录完成后会退出，而不是保留在远程终端上。

3.3.2　expect 实现非交互传输文件

使用 expect 非交互式脚本与 scp 命令结合，实现 scp 批量传输本地不同文件到不同远程主机的不同路径。需要注意的是确保主机已经安装 expect，目标主机非第一次登录 scp 时，不需要输入 yes。还需要注意列表文件与变量的顺序。接下来演示 expect 实现 scp 非交互传输文件的用法，具体如下所示。

例 3-7　expect 实现 scp 非交互传输文件。

```
[root@tianyun ~]#touch hi.txt #创建 hi.txt 文件,scp 传输 hi.txt 文件到远程主机
[root@tianyun ~]#echo hi.txt >>/etc/hosts
127.0.0.1 localhost localhost.localdomain localhost4 localhost4.localdomain4
::1         localhost localhost.localdomain localhosts6 localhosts6.localdomain6
hi.txt
[root@tianyun ~]# yum install expect
[root@tianyun ~]# which expect
/bin/expect

[root@tianyun scripts]#vim expect_scp01.sh
#!/usr/bin/expect
# 脚本的第一个位置参数
set ip [lindex $argv 0]
set user root
set password centos
set timeout 5
#把本地的目录及目录下的文件以$user 这个用户批量复制到对方$ip 主机上的/tmp 目录下
spawn scp -r /etc/hosts  $user@$ip:/tmp
expect {
            "yes/no" { send "yes\r"; exp_continue }
            "password:" { send "$password\r" }
}
#当看到 eof 时，事情做完后结束 expect，脚本退出
expect eof
```

执行结果如下：

```
[root@tianyun scripts]#./expect_scp01.sh 192.168.122.241
spawn scp -r /etc/hosts root@192.168.122.241:/tmp
root@192.168.122.241's password:
hosts                                    100% 258 0.3KB/s      00:00
[root@tianyun scripts]#
```

远程主机 192.168.122.241 验证：

```
[root@tianyun ~]#cat /tmp/
127.0.0.1 localhost localhost.localdomain localhost4 localhost4.localdomain4
::1         localhost localhost.localdomain localhosts6 localhosts6.localdomain6
hi.txt
```

3.3.3　expect 实现批量主机公钥推送

接下来演示以 ping 通主机，用 Shell 和 expect 实现批量主机公钥推送的用法，具体如下所示。

例 3-8　expect 实现批量主机公钥推送。

```
[root@tianyun scripts]#vim getip_push_pubic.sh
#!/bin/bash
#检查是否安装了 expect 软件
rpm -q expect &>/dev/null
if [ $? -ne 0 ];then
        yum -y install expect
        if [ $? -eq 0 ];then
                echo "install success!"
        else
                echo "install fail!"
                exit 2
        fi
    fi
#检查客户端是否生成了公钥和私钥
if [ ! -f ~/.ssh/id_rsa ];then
        ssh-keygen -P "" -f ~/.ssh/id_rsa
        if [ $? -eq 0 ];then
                echo "success!"
         else
                echo "fail!"
                exit2
    fi
fi
#检查客户端是否能 ping 通，如果能 ping 通就使用 expect 推送密钥
>ip.txt
password=test
    for i in {2..254}
    do
            {
            ip=192.168.62.$i
            ping -c1 -W1 $ip &>/dev/null
            if [ $? -eq 0 ];then
                    echo "$ip" >> ip.txt
#推送公钥，ping 通一个，推送一个，注意不要按空格键，要使用 Tab 键
                    /usr/bin/expect <<-EOF
                    #超时时间，以防 expect 在某个时间卡住退出，不会推送公钥
                    set  timeout 10
                    spawn ssh-copy-id $ip
                    #spawn 表示开启一个会话，\r 表示回车，exp_continue 表示继续往下执行
                    expect {
                            "yes/no" { send "yes\r"; exp_continue }"
                            "password:" { send "$password\r" } #尽量使用
变量，不要用字符串

                            }
                    expect eof
                    EOF
            fi
            }&
```

```
        done
        wait
echo "finish…"
:set list   #查看特殊字符（隐形字符）
:set nolist   #取消查看特殊字符（隐形字符）
```

特别要说明的是，ssh-keygen 自带选项-P（指定密码为空）、-f（指定用来保存密钥的文件名），不需要使用 expect 就可以免交互操作，只需要 ssh-keygen -P "" -f　～/.ssh/id_rsa 这个命令即可，具体代码如下所示。

```
[root@qfcloud ~]# ssh-keygen -P "" -f ~/.ssh/id_rsa
Generating public/private rsa key pair.
Your identification has been saved in /root/.ssh/id_rsa.
Your public key has been saved in /root/.ssh/id_rsa.pub.
The key fingerprint is:
b0:eb:33:1c:69:47:69:31:7a:45:17:c8:5b:c4:fc:2e root@qfcloud
The key's randomart image is:
+--[ RSA 2048]----+
|            o.=+. |
|        o +.+     |
|       .. = o .   |
|        .o=..     |
|        .=S    .  |
|        +..     E . |
|        o.o     .  |
|        .+      .  |
|        .o         |
+-----------------+
```

这是一个使用 Shell 和 expect 无须做任何配置一键就实现批量分发密钥的脚本，前提是本地主机已经装了 expect，并且推送的主机能够 ping 通。

执行结果验证如下：

```
[root@tianyun scripts]# cat ip.txt
192.168.122.5
192.168.122.52
192.168.122.210
192.168.122.241
192.168.122.245
[root@tianyun scripts]#ssh 192.168.122.245
Last login: Mon Aug 21 20:45:57 2017
[root@qfcloud ~]#exit
Logout
Connection to 192.168.122.245 closed.
[root@tianyun scripts]#ssh 192.168.122.5
Last login: Mon Aug 21 20:45:57 2017
[root@dfcloud ~]#exit
Logout
Connection to 192.168.122.5 closed.
```

```
[root@tianyun scripts]#
```

此时瞬间得到了所有主机的 IP 地址，expect 自动完成了公钥推送；一旦实现公钥推送，以后无论是远程传输文件还是修改密码，安装软件就都是在非交互下了。

3.3.4　for 循环语句实现批量主机密码修改

在运维工作中，为节省人力、物力资源，就要实现什么都不要交互。for 循环实现不登录远程主机批量修改密码，原理是远程连接到对方一台机器，在对方机器上执行修改密码的命令。具体如下所示。

```
#不登录远程主机就修改密码的命令
[root@tianyun ~]# ssh 192.168.122.176  "useradd alice"
[root@tianyun ~]# ssh 192.168.122.176  "echo 123 |passwd -stdin root"
Changing password for user root.
passwd: all authentication tokens updated successfully.
[root@tianyun ~]#
```

例 3-9　for 循环批量修改主机密码。

```
[root@tianyun scripts]#vim modify_passwd.sh
#!/bin/bash
#v1.0 by tianyun 2020-9-20
read -p "Please enter a New Password:  "pass
for ip in $(cat ip.txt)
do
      {
          ping -c1 -W1 $ip &>/dev/null
          if [ $? -eq 0 ];then
              ssh $ip  "echo $pass |passwd --stdin root"
              if [ $? -eq 0 ];then
                  echo  "$ip" >>ok_`date +%F`.txt   #时间文本，可以清楚地看出哪个时间修
改成功了，哪个时间修改失败了
              else
                  echo  "$ip" >>fail_`date +%F`.txt
              fi
          else
              echo  "$ip" >>fail.txt
          fi
      }&
done
wait
echo  "finish…"
```

验证执行脚本如下。

```
[root@tianyun scripts]# bash -n modify_passwd.sh    #脚本语法没有错误
[root@tianyun scripts]#chmod a+x modify_passwd.sh
[root@tianyun scripts]#./modify_passwd.sh
```

```
Please enter a New Password: 666
Changing password for user root.
passwd: all authentication tokens updated successfully.
Changing password for user root.
passwd: all authentication tokens updated successfully.
Changing password for user root.
passwd: all authentication tokens updated successfully.
Changing password for user root.
passwd: all authentication tokens updated successfully.
finish…
[root@tianyun scripts]#
```

接下来看一下 ok 和 fail 文本文件。

```
[root@tianyun scripts]# cat ok_2017-08-31.txt
192.168.122.176
192.168.122.46
192.168.122.212
192.168.122.189
[root@tianyun scripts]#cat fail_2017-08-31.txt
192.168.122.211
```

再次验证修改密码是否成功，其方法是打开虚拟机用修改的密码重新登录一下即可。

```
[root@tianyun scripts]# virt-manager
Name                              State
CentOS 7u3-1                      Running
CentOS 7u3-2                      Shutoff
CentOS 7u3-3                      Running
CentOS 7u3-4                      Running
CentOS 7u3-5                      Running
```

然后任意打开一个主机，如 CentOS 7u3-2 用密码 666 登录。

```
Centos Linux 7(Core)
Kernel 3.10.0-514.26.2.e17.x86_64 on an x86_64
qfcloud login: root
Password: 此次输入密码 "666"
Last login: Thu Aug 31 17:54:07 from gateway
[root@qfcloud ~]# [root@qfcloud ~]#
```

3.3.5 for 循环语句实现批量远程主机 SSH 配置

Linux Shell 使用 SSH 远程登录到 Linux 服务器，读取配置文件，并远程批量修改配置文件的用法如下。

例 3-10 for 循环语句实现批量远程主机 SSH 配置。

```
[root@tianyun scripts]# vim modify_sshconfig.sh
#!/bin/bash
#v1.0 by tianyun
```

```
for ip in `cat ip.txt`
do
    {
    ping -c1 -W1 $ip &>/dev/null
    if [ $? -eq 0 ];then
        ssh $ip "sed -ri '/^#UsedNS/cUsedNS no' /etc/ssh/sshd_config"
        ssh $ip "sed -ri '/^GSSAPIAuthentication/cGSSAPIAuthentication no' /etc/
ssh/sshd_config"
        ssh $ip  "sed -ri '/^SELINUX=/cSELINUX=disabled' /etc/seLinux/config"
        ssh $ip "systemctl stop firewall;systemctl disable filewalld"
        ssh $ip "setenforce 0"
    fi
    }&
done
wait
echo "all ok…"
```

以上代码是菜单 ip.txt 内主机各 ping 一次，如果返回值为 0，则 SSH 连到这台主机上关闭防火墙和 seLinux。

执行结果如下：

```
[root@tianyun scripts]# chmod a+x modify_sshconfig.sh
[root@tianyun scripts]# ./modify_sshconfig.sh
Removed symlink /etc/systemd/system/dbus-org.fedoraproject.FirewallD1.service
Removed symlink /etc/systemd/system/basic.target.wants/firewalld.service.
Removed symlink /etc/systemd/system/dbus-org.fedoraproject.FirewallD1.service
Removed symlink /etc/systemd/system/basic.target.wants/firewalld.service.
Removed symlink /etc/systemd/system/dbus-org.fedoraproject.FirewallD1.service
Removed symlink /etc/systemd/system/basic.target.wants/firewalld.service.
Removed symlink /etc/systemd/system/dbus-org.fedoraproject.FirewallD1.service
Removed symlink /etc/systemd/system/basic.target.wants/firewalld.service.
Removed symlink /etc/systemd/system/dbus-org.fedoraproject.FirewallD1.service
Removed symlink /etc/systemd/system/basic.target.wants/firewalld.service.
setenforce: SELinux is disabled
setenforce: SELinux is disabled
setenforce: SELinux is disabled
setenforce: SELinux is disabled
setenforce: SELinux is disabled
all ok…
```

以上代码首先给脚本 modify_sshconfig.sh 执行权限，然后运行脚本，可以看到运行结果 seLinux 和防火墙已经关闭。

3.4 while 循环和 until 循环

while 循环语句主要用来重复执行一组命令或语句，常用于守护进程或持续运行的程序，其中循环次数既可以是固定的，也可以是不固定的。

3.4.1　while 循环语句语法结构

while 循环语句的基本语法为：

```
while 条件测试
do
      循环体
done
```

while 循环语句会对条件测试进行判断，如果条件测试成立时，则执行 do 和 done 之间的循环体，直到条件测试不成立时才停止循环。

while 循环执行流程的逻辑如图 3.2 所示。

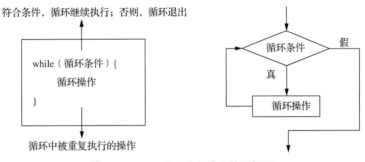

图 3.2　while 循环执行流程的逻辑图

3.4.2　until 循环语句语法结构

until 循环语句的基本语法为：

```
until 条件测试
do
      循环体
done
```

until 循环语句的用法与 while 循环语句的用法恰恰相反，until 循环语句是在条件表达式不成立时，进入循环体执行指令，条件表达式成立时，终止循环。until 的应用场景很罕见。读者只需了解即可。

3.5　循环语句案例实战

3.5.1　while 循环语句实现批量用户创建

批量创建用户除了 for 循环语句可以实现外，while 循环语句也可以实现。接下来演示 while

实现批量用户创建的用法，具体如下所示。

例 3-11　while 实现批量用户创建脚本。

```
[root@tianyun ~]# vim while_create_user.sh
#!/usr/bin/bash
#while create user
#v1.0 by tianyun
while read line
do
      if [  ${#line} -eq 0 ];then
            echo "------------------------"
            #exit
            #break
            continue
      fi

      user=`echo $line|awk '{print $1}'`
      pass=`echo $line|awk '{print $2}'`
      id $user &>/dev/null
      if [ $? -eq 0 ];then
            echo "user $user already exists"
      else
            useradd $user
            echo "$pass" |passwd --stdin $user &>/dev/null
            if [ $? -eq 0 ];then
                  echo "$user is created."
            fi
      fi
done < user1.txt
```

以上代码是创建用户之前用 ID 查看用户是否存在。如果返回值为 0，则表示用户已经存在；否则，创建用户并将用户设置的密码放到 user1.txt 文件中。

执行结果如下：

```
[root@tianyun scripts]#cat user1.txt
yanoo 123
tianyunii 456
[root@tianyun scripts]# chmod a+x while_create_user.sh
[root@tianyun scripts]#./while_create_user.sh user1.txt
user yanoo is created
user tianyunii is created
```

3.5.2　while 循环语句和 until 循环语句测试远程主机连接

接下来演示 while 测试远程主机连接的脚本用法，具体如下所示。

例 3-12　while 测试远程主机连接脚本。

```
[root@tianyun scripts]#vim while_conn_test.sh
```

```
#!/bin/bash
ip=10.18.42.127
while ping -c1 -W1 $ip &>/dev/null
do
    sleep 1
done
echo "$ip is down!"
```

这个 while 测试主机连接案例，表示的是 while 循环条件判断是否为真，如果为真则一直循环，否则停止循环。其执行结果如下：

```
[root@tianyun scripts]# chmod a+x while_conn_test.sh
[root@tianyun scripts]# ./while_conn_test.sh
10.18.42.127 is down!
[root@tianyun scripts]#
```

而 until 循环刚好和 while 相反，条件判断为假，就一直循环，接下来演示 until 测试远程主机连接的脚本用法，具体如下所示。

例 3-13　until 测试远程主机连接脚本。

```
[root@tianyun scripts]# vim until_conn_test.sh
#!/bin/bash
#v1.0 by tianyun
ip=10.18.42.127
until ping -c1 -W1 $ip &>/dev/null
do
    sleep 1
done
```

until 一直 ping，ping 不通继续 ping，ping 通则退出循环。其执行结果如下：

```
[root@tianyun scripts]# chmod a+x until_conn_test.sh
[root@tianyun scripts]# ./until_conn_test.sh
10.18.42.127 is up
[root@tianyun scripts]#
```

3.5.3　for、while、until 终极对决

while 和 until 均可采用类似 for 循环的语法格式，但 while 比较擅长逐行处理文件。接下来分别用 for、while 和 until 写个 ping 通主机的脚本，看一下实验效果。

例 3-14　for 循环写的 ping 脚本。

```
[root@tianyun scripts]# vim for_while_until_ping.sh
#!/bin/bash
for i in {2..254}
do
    {
    ip=192.168.122.$i
```

```
    ping -c1 -W1 $ip &>/dev/null
    if [ $? -eq 0 ];then
        echo "$ip is up."
    fi
    }&
done
wait
echo "all finish…"
```

执行结果如下：

```
[root@tianyun scripts]# chmod a+x for_while_until_ping.sh
[root@tianyun scripts]#./for_while_util_ping.sh
192.168.122.46 is up.
192.168.122.176 is up.
192.168.122.189 is up.
192.168.122.211 is up.
192.168.122.212 is up.
all finish…
[root@tianyun scripts]#
```

例 3-15   while 循环写的 ping 脚本。

```
[root@tianyun scripts]# vim while_for_until_ping.sh
#!/bin/bash
i=2
while [ $i -le 254 ]
do
    {
    ip=192.168.122.$i
    ping -c1 -W1 $ip &>/dev/null
    if [ $? -eq 0 ];then
        echo "$ip is up."
    fi
    }&
    let i++
done
wait
echo "all finish…"
```

执行结果如下：

```
[root@tianyun scripts]# chmod a+x while_for_until_ping.sh
[root@tianyun scripts]#./while_for_until_ping.sh
192.168.122.46  is up.
192.168.122.176 is up.
192.168.122.189 is up.
192.168.122.212 is up.
192.168.122.211 is up.
all finish…
```

例 3-16   until 循环写的 ping 脚本。

```
[root@tianyun scripts]# vim until_for_while_ping.sh
#!/bin/bash
i=2
until [ $i -gt 254 ]
do
    {
    ip=192.168.122.$i
    ping -c1 -W1 $ip &>/dev/null
    if [ $? -eq 0 ];then
        echo "$ip is up."
    fi
    }&
    let i++
done
wait
echo "all finish…"
```

执行结果如下：

```
[root@tianyun scripts]# chmod a+x until_for _while_ping.sh
[root@tianyun scripts]# ./until_for_while_ping.sh
192.168.122.46 is up.
192.168.122.176 is up.
192.168.122.189 is up.
192.168.122.211 is up.
192.168.122.212 is up.
all finish…
```

通过以上三个脚本可以看出，for 循环用于循环次数固定的情形，常常用于正常的循环处理中。while 循环的特长是执行守护进程，以及实现循环持续执行不退出的应用，适用于频率小于 1 分钟的循环处理。而 until 循环用于只要条件测试语句为假时，执行语句块；如果一开始条件测试语句就为真，则一次也不执行语句块，与 C 语言中的 do…while 不同。

3.6 Shell 的并发控制

默认情况下，Shell 命令是串行方式自上而下执行的，但如果有大批的命令需要执行，串行就会浪费大量的时间，这时就需要 Shell 并发执行了。Shell 并发控制有多种方法，本书介绍三种方法，分别为 for 循环实现、for 循环放在后台执行和 Linux 管道实现高并发，三种方法在企业场景中会经常使用，都是极为常见的技术要点。前两者比较浅显易懂，本节介绍其基本语法，第三种 Linux 管道实现 Shell 高并发控制，在 3.7 节案例实战中详细讲解。

3.6.1 for 循环实现 Shell 的并发控制

for 循环实现 Shell 的并发控制基本语法为：

```
========for 循环============
```

```
for   条件测试
do
              循环体
done
=========当条件为真，执行循环体=======
```

3.6.2　for 后台循环实现 Shell 的并发控制

for 后台循环实现 Shell 的并发控制基本语法为：

```
              =========for 循环=========
for 条件测试
do
     {
              循环体
     }&
done
==========当条件为真时，执行循环体，&表示后台执行============
```

3.7　Shell 的并发控制案例实战

3.7.1　for 循环实现 Shell 的并发控制案例实战

在企业生产环境中，会遇到这样的需求：要实现并发检测数千台服务器状态，第一种方法用 for 循环实现，一个 for 循环 1000 次，顺序执行 1000 次任务。接下来演示 for 循环检测服务状态的用法，具体如下所示。

例 3-17　for 循环实现 Shell 的并发控制。

```
[root@tianyun scripts]# vim test01.sh
#!/bin/bash
#start=`date +%s` #定义脚本运行的开始时间
for ((i=1;i<=1000;i++))
do
    sleep 1 #sleep 1用来模仿执行一条命令需要花费的时间
    echo 'success $i'
done
end=`date +%s`#定义脚本运行的结束时间
echo "TIME: `expr $end-$start`"
```

由此可以看出，一个 for 循环 1000 次相当于需要处理 1000 个任务，循环体用 sleep 1 代表运行一条命令需要的时间，用 success $i 来标示每条任务，如果每条命令的运行时间是 1 秒，那么 1000 条命令的运行时间是 1000 秒，效率相当低，而且 1000 条命令都是顺序执行的，完全是阻塞式运行。假如有 1000 台服务器，其中第 900 台服务器宕机了，检测到这台机器状态所需要的时间就是 900s，后面就不会执行了。因此要做到高并发执行循环。

3.7.2　for 后台循环实现 Shell 的并发控制案例实战

第二种也采用 for 循环，只不过把 for 循环放在后台执行，一个 for 循环 1000 次，循环体里面的每个任务都放入后台执行（在命令后面加&符号代表后台执行）。接下来演示 for 后台循环检测服务器状态的用法，具体如下所示。

例 3-18　for 后台循环实现 Shell 并发控制。

```
[root@tianyun scripts]# vim test02.sh
#!/bin/bash
#start=`date +%s` #定义脚本运行的开始时间
for ((i=1;i<=1000;i++))
do
    {
    sleep 1 #sleep 1用来模仿执行一条命令需要花费的时间
    echo 'success $i'
    }&                  #用{}把循环括起来，后加一个&符号，代表每次循环都把命令放入后台运行
                        #一旦放入后台，就意味着{}里面的命令交给操作系统的一个线程处理了
                        #循环了 1000 次，就有 1000 个&把任务放入后台，操作系统会并发 1000 个
                        #线程来处理这些任务
done
wait                    #wait 命令的意思是，等待（wait 命令）上面的命令（放入后台的）都执行
                        #完毕了再往下执行
                        #写 wait 是因为，一条命令一旦被放入后台后，这条任务就交给操作系统，
                        #Shell 脚本会继续往下运行（Shell 脚本里面一旦碰到&符号就只管
                        #把它前面的命令放入后台就算完成任务了，具体执行交给操作系统去做，脚本
                        #会继续往下执行），所以要在这个位置加上 wait 命令，等待操作系统执行
                        #完成后台命令
end=`date +%s`#定义脚本运行的结束时间
echo "TIME: `expr $end-$start`"
```

执行结果如下：

```
[root@tianyun scripts]#chmod a+x test02.sh
[root@tianyun scripts]#./test02.sh
…
[989]  Done
[990]  Done
success992
[991]  Done
[992]  Done
…
success1000
[1000]  Done
```

```
TIME:2
```

由此可以看出，比起第一种方法已经非常快了，Shell 实现并发，就是把循环体的命令用&符号放入后台运行，1000 个任务就会并发 1000 个线程，运行时间 2s。因为都是后台运行，CPU 随机运行，所以输出结果 success4…success3 完全都是无序的，这种方法确实实现了并发，但随着并发任务数的增多，对操作系统压力非常大，操作系统处理的速度也会变慢。

3.7.3 Linux 管道实现 Shell 的并发控制案例实战

第三种读者需要重点掌握，使用 Linux 管道文件特性制作队列，可以控制并发数量。管道分为有名管道和无名管道。创建有名管道文件命令是 mkfifo。一般情况下，无名管道是用得最多的。

接下来演示 Linux 管道实现 Shell 并发的用法，具体如下所示。

例 3-19 Linux 管道实现 Shell 并发的用法。

```
在/proc/PID/fd中，列举了进程 PID 所拥有的文件描述符
#当程序打开一个文件或者创建一个新文件时，内核向进程返回一个文件描述符（缩写 fd）
#!/bin/bash
source /etc/profile
#$$表示当前进程的 PID
PID=$$
#查看当前进程的文件描述符指向
ll /proc/$PID/fd
#文件描述符 1 与文件 tempfile1 进行绑定
([ -e ./tempfd1 ]|| touch ./tempfd1)&& exec 1<>./tempfd1)&&exec 1<>./tempfd1
#将文件描述符 1 与文件 tempfile 进行了绑定，此后，文件描述符 1 指向了 tempfile 文件，标准输出被
重定向到了文件 tempfile 中
#查看当前进程的文件描述符指向
ll /proc/$PID/fd
```

采用有名管道实现多线程，首先创建一个有名管道 fifo 文件，然后创建文件描述符用于绑定有名管道 fifo 文件，其次通过 for 循环遍历向有名管道中加入 5 个线程，最后通过 for 循环从有名管道中取出线程执行扫描 IP 地址操作。下面是管道实现多线程具体示例。

```
[root@tianyun scripts]#vim ping_multi_thread02
#!/bin/bash
#ping02 multi thread
thread=5
tmp_fifofile=/tmp/$$.fifo
start_time=`date +%s`              #定义脚本运行的开始时间
 mkfifo $tmp_fifofile              #创建有名管道
exec 8<> $tmp_fifofile            #创建文件描述符。可读(<)可写(>)的方式关联管道文件，
                                  #这时候文件描述符 8 就有了有名管道文件的所有特性
```

```
rm -rf $tmp_fifofile          #关联后的文件描述符拥有管道文件的所有特性，所以这时候管道
                              #文件可以删除，留下文件描述符用即可
for i in `seq $thread`
do
    echo >&8                  #&8代表引用文件描述符8，这条命令代表往管道里面放入了一个"令牌"
done

for i in {1..254}
do
read -u8                      #代表从管道中读取一个令牌
{
    sleep 1                   #sleep 1用来模仿执行一条命令需要花费的时间
    ip=192.168.122.$i
    ping -c1 -W1 $ip &>/dev/null
    if [ $? -eq 0 ];then
        echo "$ip is up."
    else
        echo "$ip is down."
    fi
    echo >&8                  #代表这一次命令执行到最后，把令牌放回管道
}&
done
wait
stop_time=`date +%s`  #定义脚本运行的结束时间
echo "TIME: `expr $stop_time-$start_time`"
exec 8<&-                     #关闭文件描述符的读
exec 8&>-                     #关闭文件描述符的写
```

执行结果如下：

```
[root@tianyun scripts]# chmod a+x ping_multi_thread02
[root@tianyun scripts]# ./ping_multi_thread02
192.168.122.1 is up.
192.168.122.3 is down.
192.168.122.5 is down.
192.168.122.4 is down.
192.169.122.8 is down.
......
```

3.8　本章小结

这一章主要对 Shell 中 for 循环、while 循环和 until 循环进行讲解，以及每种循环在企业中的使用场景和实战举例。读者应掌握 for 循环和 while 循环，until 循环了解即可，在不同的场合使用不同的循环，根据不同的需求结合条件测试能够准确快速地写出 Shell 脚本。

3.9 习题

1. 填空题

（1）for 循环的语法结构为＿＿＿＿。

（2）Shell 支持＿＿＿＿＿循环。

（3）while 循环常用于＿＿＿＿＿场景。

（4）Shell 并发控制有＿＿＿＿、＿＿＿＿、＿＿＿＿。

（5）管道分为＿＿＿、＿＿＿＿。

2. 选择题

（1）Shell 循环分为（　　）种。

    A．1 　　　　　　B．2 　　　　　　C．3 　　　　　　D．4

（2）写循环脚本时当从文件中读入每一行时最好使用（　　）。

    A．for 　　　　　B．while read 　　C．until 　　　　D．select

（3）用{}把循环体括起来，后加一个&符号，代表每次循环都把命令放入（　　）运行。

    A．前台 　　　　　B．后台 　　　　　C．前后台都行 　　D．脚本

（4）while 循环常见的语法为（　　）种。

    A．1 　　　　　　B．2 　　　　　　C．3 　　　　　　D．4

（5）for 循环常见的语法为（　　）种。

    A．1 　　　　　　B．2 　　　　　　C．3 　　　　　　D．4

3. 思考题

for 循环和 while 循环的优点分别是什么。

4. 编程题

（1）判断自己的网络里，当前在线的 IP 地址有多少。

（2）实时监控本机内存和硬盘剩余空间，当剩余内存小于 500MB、根分区剩余空间小于 1000MB 时，发送报警邮件给 root 管理员。

04 第4章 Shell数组

本章学习目标
- 掌握数组的基本概念
- 掌握数组的定义用法
- 了解数组的赋值用法
- 熟悉数组编写脚本程序

数组是一种数据结构，是相同数据类型的元素按一定顺序排列的元素集合。数组实际上就是一连串类型相同的变量，这些变量用数组名命名，并用索引互相区分。使用数组时，可以通过索引来访问数组元素，如数组元素的赋值和取值。

4.1 Shell 数组的基本概念

数组中有限个相同类型的变量用一个名字命名，然后用编号区分它们。用于区分不同元素的编号称为数组下标，数组的元素有时也称为下标变量。

4.2 Shell 数组的类型

数组分为普通数组和关联数组。普通数组中的索引（下标）都是整数，关联数组的数组索引可以用任意的文本。关联数组使用之前需要声明，关联数组与普通数组最大的区别是，它是由特定格式的键值对组成的。接下来针对这两种数组类型分别进行讲解。

4.2.1 普通数组

普通数组中：数组元素的索引（下标）从 0 开始编号，获取数组中的元素要利用索引（下标）。索引（下标）可以是算术表达式，其结果必须是一个整数。

例 4-1 普通数组定义。

```
books=(Linux Shell awk openstack docker)    #定义普通数组，在 python 中称为列表
---------------------------------------
|Linux |Shell |awk |openstack |docker |
---------------------------------------
| 0    | 1    | 2    | 3       | 4     |    #索引（下标）从 0 开始编号
```

4.2.2 关联数组

关联数组和普通数组所不同的是，它的索引下标可以是任意的整数和字符串。

例 4-2 关联数组定义。

```
info=([name]=tianyun [sex]=male [age]=36 [height]=170 [skill]=cloud)
#定义关联数组，在 python 中称为字典
---------------------------------------
|tianyun  |male |36  |170     |cloud |
---------------------------------------
| name   | sex |age |height | skill |    #索引下标是任意字符串，不必为整数编号
```

4.2.3 定义数组的类型

在 Linux Shell 中，数组分为普通数组和关联数组。用户定义的是普通数组，如需使用关联数组需要先声明再使用。用户声明关联数组使用-A 参数。通常情况下 Shell 解释器隐式声明普通数组，用户无须操作。若用户需显式声明普通数组，需要使用-a 参数。

声明普通数组的方法为：

```
#declare -a array
```

声明关联数组的方法为：

```
#declare -A array
```

4.3 Shell 数组的定义

在 Linux Shell 中，定义一个数组有多种方法，需要先按照命令规则给数组命名，然后再定义数组的值。数组的定义方法有直接定义数组、下标定义数组、间接定义数组和从文件中读入定义数组，接下来详细介绍定义数组的方法。

4.3.1　直接定义数组

直接定义数组是用小括号将变量值括起来赋值给数组变量，每个变量值之间要用空格进行分隔。直接定义数组格式为：

```
array_name=(value1 value2 value3 …)
数组名=（变量值 1 变量值 2 变量值 3 ……）
```

这种方法是最常用的方法，需要重点掌握。具体示例如下。

例 4-3　直接定义数组。

```
[root@tianyun scripts]# books=(Linux Shell awk openstack docker) #定义数组
[root@tianyun scripts]# echo ${book[3]}  #引用数组
openstack
```

4.3.2　下标定义数组

下标定义数组是用小括号将变量值括起来，同时采用键值对的形式赋值。

下标定义数组格式为：

```
array_name=([1]=value1 [2]=value2 [3]=value3…)
数组名=（[下标 1]=变量值 1 [下标 2]=变量值 2 [下标 3]=变量值 3……）
```

此种方法为 key-value 键值对的形式，小括号里对应的数字为数组下标，等号后面的内容为下标对应的数组变量的值。

例 4-4　下标定义数组。

```
[root@tianyun scripts]# declare -A info1  #声名为关联数组
[root@tianyun scripts]# info1=([name]=tianyun [sex]=male [age]=36) [height]=
170 [skill]=cloud  #定义关联数组
[root@tianyun scripts]# echo ${info1[age]} #引用关联数组
36
```

4.3.3　间接定义数组

间接定义数组是分别通过定义数组的方法来定义。其语法格式为：

```
array_name[0]=value1;array_name[1]=value2;array_name[2]=value3
数组名[下标]=变量值
```

此种方法要求一次赋一个值，比较复杂，具体如下所示。

例 4-5　间接定义数组。

```
[root@tianyun ~]# array[0]=pear
```

```
[root@tianyun ~]# array[1]=apple
[root@tianyun ~]# array[2]=orange
[root@tianyun ~]# array[3]=peach #定义数组
[root@tianyun ~]# echo ${array[0]}
pear  #引用数组
```

4.3.4 从文件中读入定义数组

从文件中读入定义数组是使用命令的输出结果作为数组的内容。其语法格式为：

```
array_name=($(命令))
数组名=($(`变量值`))
```

或：

```
array_name=(`命令`)
数组名=(`变量值`)
```

这种方法要求一次赋多个值，具体如下所示。

例 4-6 从文件中读入定义数组。

```
[root@tianyun ~]# array=(`cat /etc/passwd`) #将该文件中的每一行作为一个元素赋值给数组 array
[root@tianyun ~]# echo ${array[*]} #引用变量
```

4.4 Shell 数组的遍历及赋值

Shell 数组的遍历可以用 for 循环和 while 循环实现。也就是说，首先定义好数组，然后通过使用 for 循环和 while 循环批量打印出数组的元素。

4.4.1 常见的访问 Shell 数组表达式

表 4.1 列出了常见的访问 Shell 数组的表达式。

表 4.1 常见的访问 Shell 数组表达式

语法	描述
echo ${!array[*]}	访问数组所有索引
echo ${!array[@]}	访问数组所有索引
echo ${array[*]}	访问数组所有值
echo ${array[@]}	访问数组所有值
echo ${#array[@]}	统计数组元素个数
echo ${array[0]}	访问数组中的第一个元素

语法	描述
echo　${array[@]:1}	从数组下标 1 开始
echo　${array[@]:1:2}	从数组下标 1 开始，访问两个元素
echo　${#array[#]}	第#个元素的字符个数
echo　${#array}	第 0 个元素的字符个数
echo　${array[#]}	显示第#个元素
echo　${array}	显示第 0 个与元素

4.4.2　while 循环实现 Shell 数组的遍历

以 host 文件的每一行作为数组的一个元素来赋值，并对该数组进行遍历。具体如下所示。

例 4-7　while 循环实现 Shell 数组的遍历。

```
[root@tianyun ~scripts]# vim array_hosts_while.sh
#!/bin/bash
while read line
do
      hosts[++i]=$line        #完成数组的赋值操作
done </etc/hosts
echo "hosts first: ${hosts[1]}"
echo              #打印一个空行
for i in ${!hosts[@]}   #获得数组的索引
do
      echo "$i: ${hosts[i]}"    #完成了数组的遍历
done
```

while 读入/etc/hosts 文件的每一行并把它显示出来，hosts[++i]=$line 这个表达式完成数组的赋值操作，${!hosts[@]}这个表达式获得数组的索引，${hosts[i]}这个表达式完成了数组的遍历。

执行结果如下：

```
[root@tianyun ~]cat /etc/hosts
127.0.0.1 localhost localhost.localdomain localhost4 localhost4.localdomain4
::1      localhost  localhost.localdomain localhost6 localhost6.localdomain6
192.168.122.47  ww.ecshop.com ecshop.com www.wordpress.com wordpress.com www.
discuz.top discuz.top
[root@tianyun scripts]# chmod a+x array_hosts_while.sh
[root@tianyun scripts]# ./array_hosts_while.sh
hosts first: 127.0.0.1 localhost localhost.localdomain localhost4 localhost4.
localdomain4

1: 127.0.0.1 localhost localhost.localdomain localhost4 localhost4.localdomain4
2: ::1 localhost localhost.localdomain localhost6 localhost6.localdomain6
3: 192.168.122.47 www.ecshop.com ecshop.com www.wordpress.com wordpress.com
```

```
www.discuz.top discuz.top
[root@tianyun scripts]#
```

4.4.3 for 循环实现 Shell 数组的遍历

当一个脚本需要传入的参数较多时，可以使用 for 循环进行参数遍历。具体如下所示。

例 4-8 for 循环实现 Shell 数组的遍历。

```
[root@tianyun scripts]# vim array_hosts_for.sh
#!/bin/bash
#for array
OLD_IFS=$IFS
IFS=$'\n' #for循环默认以 tab、空格和回车为换行符，所以要提前定义变量以行作为分隔符
for line in `cat /etc/hosts`
do
      hosts[++j]=$line
done
for i in ${!hosts[@]}
do
      echo "$i: ${hosts[i]}"
done
```

定义一个数组 hosts 以/etc/hosts 每一行内容作为数组的元素进行遍历。

执行结果如下：

```
[root@tianyun ~]cat /etc/hosts
127.0.0.1 localhost localhost.localdomain localhost4 localhost4.localdomain4
::1       localhost  localhost.localdomain localhost6 localhost6.localdomain6
192.168.122.47 ww.ecshop.com ecshop.com www.wordpress.com wordpress.com www.
discuz.top discuz.top
[root@tianyun scripts]# chmod a+x array_hosts_while.sh
[root@tianyun scripts]# ./array_hosts_while.sh
hosts first: 127.0.0.1 localhost localhost.localdomain localhost4 localhost4.localdomain4

1:  127.0.0.1 localhost localhost.localdomain localhost4 localhost4.localdomain4
2:   ::1 localhost localhost.localdomain localhost6 localhost6.localdomain6
3:  192.168.122.47 www.ecshop.com ecshop.com www.wordpress.com wordpress.com
www.discuz.top discuz.top
[root@tianyun scripts]#
```

4.4.4 Shell 数组的赋值

通过"数组名 [下标]"对数组进行引用赋值，如果下标不存在，则自动添加一个新的数组元素；如果下标存在，则覆盖原来的值。

Shell 数组的赋值语法格式为：

```
$array_name[index1]=value1
$array_name[index2]=value2
```

数组名[下标]=变量值

例 4-9 Shell 数组的赋值。

```
[root@tianyun ~]# array=("tom" "lucy" "alice")
[root@tianyun ~]# echo $(array[*])
tom lucy alice
[root@tianyun ~]# echo ${array[2]}
alice
[root@tianyun ~]# array[2]=lily    #修改数组元素
[root@tianyun ~]# echo ${array[2]}
lily
```

array 数组赋值为 tom、lucy 和 alice，用 echo $(array[*])打印出数组的元素，用${array[2]}打印出第二个元素，用 array[2]=lily 修改数组第二个元素为 lily，打印出的第二个元素就是已经修改的元素。

4.4.5 Shell 数组的删除

通过"unset 数组[下标]"删除相应数组元素，如果不带下标，则表示删除整个数组的所有元素。具体如下所示。

例 4-10 Shell 数组的删除。

```
[root@tianyun ~]# echo $(array[*])
tom lucy alice
[root@tianyun ~]# unset array[1]    #删除下标为 1 的数组元素
[root@tianyun ~]# echo ${array[*]}
tom alice    #打印所有后，lucy 已被删除
[root@tianyun ~]# unset array    #删除整个数组
[root@tianyun ~]# echo $(array[*])
输出为空
```

4.4.6 Shell 数组的截取和替换

通过${数组名[@或*]:起始位置:长度}切片原先数组，返回的是字符串，中间用空格分开。如果加上"()"，就可以得到切片数组。具体如下所示。

例 4-11 Shell 数组的截取。

```
[root@tianyun ~]# array=(1 2 3 4 5 6 7 8)
[root@tianyun ~]# echo ${array[@]:0:3}
1 2 3
[root@tianyun ~]# echo ${array[@]:1:4}
2 3 4 5
```

```
[root@tianyun ~]# c=(${array[@]:1:4})          #c 就是一个新数组
[root@tianyun ~]# echo ${#c[@]}
4
[root@tianyun ~]# echo ${c[*]}
2 3 4 5
```

替换的语法格式为：

```
${数组名[@或*]/查找字符/替换字符}
```

具体示例如下所示。

例 4-12   Shell 数组的替换。

```
[root@tianyun ~]# array={1 2 3 4 5 6 7 8}
[root@tianyun ~]# echo ${array[@]/3/100}
1 2 100 4 5 6 7 8
[root@tianyun ~]# echo ${array[@]}
1 2 3 4 5 6 7 8
[root@tianyun ~]# a=(${array[@]/3/100})
[root@tianyun ~]# echo ${array[@]}
1 2 100 4 5 6 7 8
```

echo ${array[@]/3/100}这个表达式表示查找第 3 个元素用 100 替换。当把 echo ${array[@]/3/100}赋值给 a 时，用 echo${array[@]}打印出所有的元素。

4.5   Shell 数组脚本实战

4.5.1   array 数组实现性别统计

通过数组索引遍历元素，把要统计的对象作为数组的索引。使用循环结合数组统计性别出现的次数，具体如下所示。

例 4-13   array 数组实现性别统计，创建好如下所示的性别文本文件。

```
[root@tianyun scripts]# cat sex.txt
jack m
alice f
tom m
rose f
robin m
zhuzhu f
```

使用 while 循环对文件逐行处理。

```
[root@tianyun scripts]# vim count_sex.sh
#!/bin/bash
#count sex
#v1.0 by tianyun
declare -A sex    #申明为关联数组
#先完成数组赋值
while read line
do
      type=`echo $line |awk '{print $2}'`  #取文件的第二列
      let sex[$type]++ #以性别作为索引，统计索引的个数
done < sex.txt
#再完成数组遍历
for i in ${!sex[@]}
do
      echo "$i: ${sex[$i]}"  #统计性别个数
done
```

以上是 declare -A 定义关联数组 sex，以性别作为索引，统计索引的个数，再用 for 循环进行数组遍历。

执行结果如下：

```
[root@tianyun scripts]# chmod a+x count_sex.sh
[root@tianyun scripts]#./count_sex.sh
f: 3
m: 3
```

4.5.2　array 数组统计不同类型 Shell 的数量

对/etc/passwd 文件不同 Shell 类型进行统计，具体如下所示。

例 4-14　array 统计不同类型 Shell 的数量脚本。

```
[root@tianyun scripts]# vim count_Shells.sh
#!/bin/bash
#count Shells
declare -A Shells  #申明关联数组
#先完成数组赋值
while read line
do
      type=`echo $line |awk -F":" '{print $NF}'`  #取出 Shell 类型
      let Shells[$type]++  #以 Shell 类型作为索引，统计索引个数
done </etc/passwd
#再完成数组遍历
for i in ${!Shells[@]}
do
      echo "$i: ${Shells[$i]}"   #统计 Shell 数量
```

```
        done
```

首先以 Shell 类型作为索引，统计索引个数；然后再完成数组的遍历，统计出 Shell 数量。
执行结果如下：

```
[root@tianyun scripts]# chmod a+x count_Shells.sh
[root@tianyun scripts]# ./count_Shells.sh
/sbin/nologin: 45
/bin/sync: 1
/bin/bash: 170
/sbin/shutdown: 1
/sbin/halt: 1
```

4.5.3　array 数组统计 TCP 连接状态数量

对访问某个网站产生的 TCP 连接状态数量的一个统计如下所示。

```
[root@tianyun scripts]# ss -an |grep :80
tcp     LISTEN    0    128   :::80    :::*
tcp  ESTAB  0  0   ::ffff:10.18.40.100:80
…
```

例 4-15　array 数组统计 TCP 连接状态数量脚本。

```
[root@tianyun scripts]# vim count_tcpconn_status.sh
#!/bin/bash
#count tcp status
#v1.0 by tianyun
while true
do
unset status
declare -A status   #申明为关联数组
type=`ss -an |grep :80 |awk '{print $2}'`   #统计出 80 端口下的状态类型
for i in $type
do
    let status[i]++    #统计不同状态的个数
done
for j in ${!status[@]}
do
    echo "$j: ${status[$j]}"   #显示出不同状态的个数
done
sleep 1
clear
done
```

定义一个关联数组为 status，使用 awk 命令过滤出 TCP 连接状态和以 TCP 状态连接数量为
索引进行统计。

执行结果如下：

```
[root@tianyun scripts]# chmod a+x count_tcpconn_status.sh
[root@tianyun scripts]# ./count_tcpconn_status.sh
ESTAB: 18
CLOSE-WAIT: 72
TIME-WAIT: 6
SYN-RECV: 2
LISTEN: 1
```

给脚本执行权限，并开始运行脚本。结果显示为统计出 ESTAB 状态为 18 个、CLOSE-WAIT 状态 72 个、TIME-WAIT 状态 6 个、SYN-RECV 状态 2 个和 LISTEN 状态 1 个。

4.6 本章小结

本章讲解了数组的基本概念、数组的定义和赋值，以及如何使用数组编写脚本程序。重点要求读者掌握数组定义和数组脚本实战，Shell 脚本编程在工作环境中灵活使用，是一个合格的运维人员必备的技能。

4.7 习题

1. 填空题

（1）数组的概念是_____。

（2）数组分为_____和_____。

（3）普通数组和关联数组的区别是_____。

（4）Shell 数组的定义方法分别为_____、_____、_____、_____。

（5）直接定义数组的语法格式为_____。

2. 选择题

（1）echo ${!array[*]}表示（   ）。

    A. 访问数组所有索引   B. 访问数组所有值

    C. 访问数组第一元素   D. 统计数组的个数

（2）定义一个数组 string[]cities={ "北京" "上海" "天津" "重庆" "武汉" "广州" "香港" }，数组中 cities[6]指的是（   ）。

    A. 北京   B. 广州   C. 香港   D. 数组越界

（3）声明关联数组正确的是（   ）。

    A. declare -B   B. declare -c   C. declare -a   D. declare -A

（4）如何打印数组第一个元素（　　　）。

　　A．echo ${array[0]}　　　　　　　　　B．${array[0]}

　　C．echo ${array[1]}　　　　　　　　　D．${array[1]}

（5）如何删除数组中索引为 2 的元素（　　　）。

　　A．array[2]　　　　B．unset array[2]　　　C．unset array[0]　　　D.unset array[1]

3．编程题

（1）使用数组打印字符串。

（2）写出 Shell 数组中赋值语法。

第5章　Shell编程中函数的用法

本章学习目标

- 了解 Shell 函数的概念和语法
- 掌握 Shell 函数的调用
- 掌握 Shell 内置命令 break 和 continue 的用法

Shell 特别重要的特点是它可以作为一种编程语言来使用。作为一个解释器，Shell 不能对编写的程序进行编译，而是在每次从磁盘加载这些程序时才进行解释。这样的话，程序的加载和解释非常浪费时间。针对这个问题，许多 Shell（如 Bourne Again Shell）都包含 Shell 函数，Shell 把这些函数放在内存中，这样每当需要执行时就不用再从磁盘读入，不用再消耗大量的时间来进行解释。Shell 还以一种内部格式来存放这些函数。在 Linux 系统下，Shell 分为内置命令、外部命令及特殊命令，本章重点讲解 Shell 内置命令 break 和 continue。

5.1　Shell 函数的概念

在讲解 Shell 函数之前，先演示一个简单的案例。在 Linux 中有一个别名命令，这个命令就是 alias。具体如下所示。

```
[root@tianyun ~]# alias N='/usr/local/nginx/sbin/nginx'
[root@tianyun ~]# N
[root@tianyun ~]# netstat -anupt | grep nginx
tcp  0  0 0.0.0.0:80 0.0.0.0:*  LISTEN   4364/nginx: master
```

上述案例使用了 alias 命令，后面跟着 N=×××，将 N 定义为别名，简单地说，当启动 Nginx 服务的时候会输入绝对路径，可以设置一个别名，相当于 N 就等于后面的那条路径，最后只需输入 N 就等于执行启动命令。

函数也有类似于别名的作用。简单地说，函数的作用就是将程序里面多次分别调用的代码组合起来（函数体），并取一个名字（函数名），在需要用到这段代码时，就可以直接来调用函数名，避免重复编写大量相同的代码。

函数是由若干条 Shell 命令组成的语句块，实现代码重用和模块化编程。它不是一个单独的进程，不能独立运行。它只是 Shell 程序的一部分。

Shell 函数和 Shell 程序比较相似，区别在于：Shell 程序在子 Shell 中运行，而 Shell 函数在当前 Shell 中运行，因此在当前 Shell 中，函数可以对 Shell 变量进行修改。

通过使用函数，可以对程序进行更好的设计，将一些相对独立的代码变成函数，可以提高程序的可读性和重用性。

5.2　Shell 函数的语法

Shell 函数的语法格式为：

```
函数名(){
    函数要实现的功能代码
}
```

或：

```
function 函数名 {
    函数要实现的功能代码
}
```

关键字 function 表示定义一个函数，可以省略，其后是函数名，两个大括号之间是函数体。创建的函数可以在别的脚本中调用。

5.3　Shell 函数的调用

函数只有被调用才会执行，调用指定的函数名，函数名出现的地方，会被自动替换为函数代码。函数调用的方法很常见，如放在脚本文件中使用、放在只包含函数的单独文件中使用、在交互式环境中使用。

Shell 函数调用的语法格式有最基本的语法格式和带有参数的语法格式。下面一一进行介绍。

5.3.1　Shell 函数的传参介绍

最基本的语法格式为：

函数名

带有参数的语法格式为：

函数名 参数 1 参数 2

Shell 的位置参数（$1、$2、…）都可以作为函数的参数来使用。其中，$1 表示第一个参数，$2 表示第二个参数。当 n≥10 时，需要使用$\{n\}来获取参数。例如，获取第十个参数不能用$10，需要用$\{10\}。当 n≥10 时，需要使用$\{n\}来获取参数。

几个特殊字符的处理如表 5.1 所示。

表 5.1　　　　　　　　　　　　　几个特殊字符的处理

参数	描述
$#	传递到脚本的参数个数
$*	以一个单字符串显示所有向脚本传递的参数
$$	脚本运行的当前进程 ID 号
$!	后台运行的最后一个进程 ID 号
$@	与$*相同，但使用时加引号，并在引号中返回每个参数
$-	显示 Shell 使用的当前选项，与 set 命令功能相同
$?	显示最后命令的退出状态，0 表示没有错误，其他任何值表明有错误

5.3.2　Shell 函数的返回值介绍

当然，函数除了可以传参数外，还可以有返回值。默认情况下，在执行完函数内的最后一行代码后，函数最终会返回一个状态的数字，这个时候可以使用$?一个变量来查看函数执行的状态，如果返回值为 0，表示方法正常退出，非 0 表示程序发生错误或其他非正常退出。使用 return 关键字来返回一个整数，其作用是退出函数。

需要注意的是，函数一旦执行完就会返回状态代码（范围为 0～255）。如果不想返回函数的状态代码，而是想返回一个字符串或其他类型，可以使用 echo 变量的方式来返回值。下文具体举例讲解。

5.4　Shell 函数的应用实战

5.4.1　脚本中调用 Shell 函数

函数必须在使用前需要先被定义。因此，在脚本中使用函数时，必须在脚本开始前定义函数，调用函数仅使用函数名即可。下面使用直接调用函数的方法写一个关于阶乘的脚本，具体如下所示。

例 5-1　直接调用函数。

```
[root@tianyun scripts]# vim factorial01.sh
#!/bin/bash
factorial(){          #定义函数为 factorial
factorial=1
#判断 i 是否小于等于 5，如果小于 5 就执行循环，完成了函数的定义
for((i=1;i<=5;i++))
do
    factorial=$[$factorial * $i]
done
echo "5 的阶乘是: $factorial "
}
factorial  #调用函数，不需要带小括号
```

执行结果如下：

```
[root@tianyun scripts]# chmod a+x factorial01.sh
[root@tianyun scripts]# ./factorial01.sh
5 的阶乘是: 120
```

接下来使用带有可以传参调用的函数来写一个关于阶乘的脚本，具体如下所示。

```
[root@tianyun scripts]# vim factorial02.sh
#!/bin/bash
factorial(){          #定义函数为 factorial
factorial=1
#判断 i 是否小于等于 5，如果小于 5 就执行循环，完成了函数的定义
for((i=1;i<=$1;i++))
do
    factorial=$[$factorial * $i]
done
echo "$1 的阶乘是: $factorial "
}
factorial $1  #这个$1 本身是脚本的位置参数，但是$1 占据的位置为函数的参数位置，所以现在它们重合了
```

执行结果如下：

```
[root@tianyun scripts]# chmod a+x factorial02.sh
[rot@tianyun scripts]# ./factorial.sh 5 #这里的$1 是脚本的位置参数
5 的阶乘是: 120
[root@tainyun scripts]# ./factorial.sh 6
6 的阶乘是: 720
[root@tianyun scripts]# ./factorial.sh 10
10 的阶乘是: 3628800
```

5.4.2　Shell 函数的返回值

函数有两种返回值，分别为执行结果的返回值和退出状态码。函数执行结果的返回值使用 echo 等命令输出，它是函数体中调用命令的输出结果。函数的退出状态码取决于函数中执行的最后一条命令的退出状态码。自定义退出状态码的语法格式为：

```
return 从函数中返回，用最后状态码命令决定返回值
    return 0 无错误返回
    return 1~255 有错误返回
```

函数中的关键字 return 可以放到函数体的任意位置，通常用于返回某些值。Shell 在执行到 return 之后，就停止往下执行，返回到主程序的调用行。return 的返回值只能是 0～255 的一个整数，返回值将保存到变量"$?"中。return 脚本举例具体如下所示。

例 5-2　函数的返回值 return 脚本。

```
[root@tianyun scripts]# vim return.sh
#!/bin/bash
fun2(){
read -p "enter num: " num
return $[2*$num]
}
fun2
echo "fun2 return value: $? "
```

定义函数 fun2，然后提示用户输入信息，return 退出函数并得到返回值的大小，再用$?查看是否成功。

执行结果如下：

```
[root@tianyun scripts]# chmod a+x return.sh
[root@tianyun scripts]# ./return.sh
enter num: 4
fun2 return value: 8
[rot@tianyun scripts]# ./return.sh
enter num: 10
fun2 return value: 20
[root@tianyun scripts]# ./return.sh
enter num: 200
fun2 return value: 144          #Shell 的返回值最多为 255，所以报错
```

当返回值（浮点数及字符串）大于 255 时，方法是把函数的返回值输入到一个变量中，具体如下所示。

```
[root@tianyun scripts]# vim return_out.sh
#!/bin/bash
fun2(){
read -p "enter num: " num
```

```
echo $[2*$num]
}
result=`fun2`    #把函数的执行结果赋给变量
echo "fun2 return value: $result "
```

5.4.3　Shell 函数的位置参数

程序有程序的位置参数，函数有函数的位置参数。在 Shell 中，调用函数时可以向其传递参数，在函数体内部通过$n的形式来获取参数的值。具体如下所示。

例 5-3　Shell 函数的位置参数。

```
[root@tianyun scripts]# vim parameter.sh
#!/bin/bash
if [ $# -ne 3 ];then
    echo "usage: `basename $0` par1 par2 par3"    #脚本的参数
    exit
fi
fun3() {
    echo "$(($1 * $2 * $3))"    #函数的参数
}
result=`fun3 $1 $2 $3`    #这个本来是脚本的位置参数，但与函数的位置参数重合了
echo "result is: $result"
```

5.4.4　Shell 函数数组变量的传参

在第 4 章我们学了数组，接下来把数组和函数结合起来，往函数中传数组，具体方法如下所示。

例 5-4　Shell 函数数组变量的传参。

```
[root@tianyun scripts]# vim fun_array.sh
#!/bin/bash
num=(1 2 3 4 5)
array() {
    local factorial=1
    for i in $*
    do
            factorial=$[factorial * $i]
    done
    echo "$factorial"
}

#array ${num[@]}
array ${num[*]}            #数组所有元数值
```

执行结果如下：

```
[root@tianyun scripts]# chmod a+x fun_array.sh
```

```
[root@tianyun scripts]# ./fun_array.sh
120
```

5.4.5　Shell 函数的返回输出数组变量

函数可以加工数组变量，也可以返回数组变量。具体如下所示。

例 5-5　Shell 函数的返回值输出数组变量。

```
[root@tianyun scripts]# vim fun_array1.sh
#!/bin/bash
num=(1 2 3)
num2=(2 3 4)
array() {
    #echo "all parameters: $*"
    local newarray=($*)      #定义一个变量 newarray
    local i                      #定义一个变量 i
    for((i=0;i<$#;i++))
    do
        newarray[$i]=$(( ${newarray[$i]} * 5 ))  #根据数组的索引定义数组的值
    done
    echo "${newarray[*]}"  #显示数组所有的元素
}

result=`array ${num[*]}`     将 num 数组的值赋给 result
echo ${result[*]}

result=`array ${num2[*]}`    将 num2 数组的值赋给 result
echo ${result[*]}
```

执行结果如下：

```
[root@tianyun scripts]# chmod a+x fun_array1.sh
[root@tianyun scripts]# ./fun_array1.sh
5 10 15
10 15 20
```

脚本也可以改写为：

```
[root@tianyun scripts]# vim fun_array2.sh
#!/bin/bash
num=(1 2 3)
array(){
    local j
    local outarray=() # j 和 outarray 都是函数内部的变量
    for i in $*
    do
        newarray[j++]=$[$i*5] #newarray 作为一个新数组，for 循环对每个传过来的数值乘以 5，
在赋值给新数组 newarray
    done
```

```
        echo "${newarray[*]}"
}
result=`array ${num[*]}` #把数组赋值给一个变量
echo ${result[*]}
```

执行结果如下：

```
[root@tianyun scripts]# chmod a+x fun_array2.sh
[root@tianyun scripts]# ./fun_array2.sh
5 10 15
```

5.5　Shell 内置命令和外部命令的区别

下面介绍 Shell 内置命令和外部命令的区别。

内部命令实际上是 Shell 程序的一部分。内部命令中包含一些比较简单的 Linux 系统命令。这些系统命令由解释器识别并在 Shell 程序内部完成运行，通常在 Linux 系统加载运行时就被加载并驻留在系统内存中。内部命令（如 exit、history、cd、echo 等）是写在 bash 源码里面的，其执行速度比外部命令快，因为 Shell 在解析内部命令时不需要创建子进程。

外部命令是 Linux 系统中的实用程序。因为实用程序的功能比较强大，所以它包含的程序量也很大。系统加载时，它并不随系统一起被加载到内存中，只是在需要时才被调用。外部命令的实体并不包含在 Shell 中，但其命令执行过程是由 Shell 程序控制的。Shell 程序可以管理外部命令执行的路径查找、加载和存放。此外，Shell 程序还可以执行并发控制命令。通常放在/bin、/usr/bin、/sbin、/usr/sbin 等目录中。我们可通过 "echo $PATH" 命令查看外部命令的存储路径，如 ls、vi 等。

用 type 命令可以分辨内部命令与外部命令：

```
[root@tianyun ~]# type cd
cd is a Shell builtin
[root@tianyun ~]# type mkdir
mkdir is hashed (/bin/mkdir)
```

内部命令和外部命令最大的区别就是性能。由于内部命令构建在 Shell 中，因此不必创建多余的进程，要比外部命令执行更迅速。这和执行更大的脚本道理一样，执行包含很多外部命令的脚本会降低脚本性能。

5.6　Shell 内置命令

5.6.1　循环结构中 break、continue、return 和 exit 的区别

这几个命令的说明如表 5.2 所示。

表 5.2　　　　　　　　　　　　**break、continue、return 和 exit 命令的说明**

命令	说明
break	强制退出最近的一层循环，用于 for、while、repeat 语句中强制退出
continue	用于从 for、while、repeat 语句中结束循环内的本次处理，继续从循环体的开始位置继续执行
return	在函数中将数据返回，或返回一个结果给调用函数的脚本，只退出函数，不退出脚本
exit	退出当前的 Shell 程序，退出脚本

在上述命令中，break 命令使用场合主要是 switch 语句和循环语句。break 命令表示直接退出循环，执行循环结构下面的第一条语句。如果在多重嵌套循环中使用 break 命令，当执行 break 命令时，退出它所在的循环结构，对外层循环没有影响。

continue 命令并没有真正的退出循环，只是结束本次循环的执行，使用 continue 命令时要注意这一点。

如果在程序中遇到 return 命令，那么就退出该函数的执行，退出到函数的调用处；如果在 main() 函数遇到 return 命令，则结束整个程序的运行。

exit 命令和 return 命令的最大区别在于，调用 exit 命令将会结束当前进程，同时删除子进程所占用的内存空间，把返回信息传给父进程。当 exit 命令中的参数为 0 时，表示正常退出，其他返回值表示非正常退出，执行 exit 命令意味着进程结束。

5.6.2　break、continue、exit 命令执行流程图

为了让读者更清晰地了解上述命令的区别，下面以 while 循环和 for 循环流程图来说明。for 循环和 while 循环中的 break 命令如图 5.1 所示。

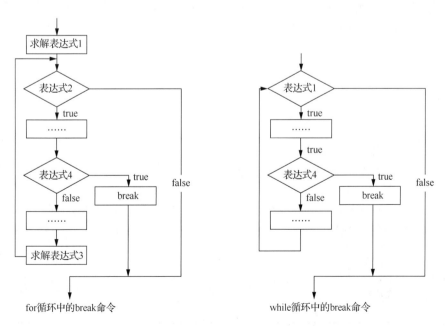

图 5.1　for 循环和 while 循环中的 break 命令

for 循环和 while 循环中的 continue 命令如图 5.2 所示。

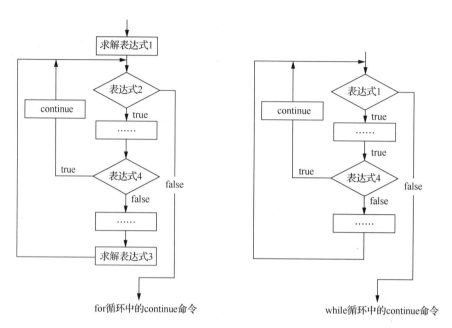

图 5.2　for 循环和 while 循环中的 continue 命令

5.6.3　break 命令和 continue 命令案例实战

1．continue 命令跳出循环

若想让程序在满足某个条件的情况下结束本次循环（跳出循环体中下面尚未执行的语句，接着进行下一次是否执行循环的判定）时，需要使用 continue 命令。

接下来通过一个案例来演示 continue 命令的使用，具体如下所示。

例 5-6　continue 命令跳出循环。

```
[root@tianyun scripts]# vim continue.sh
#!/bin/bash
#最外层的 for 循环打印 A B C D
for i in {A..D}
do
    echo -n $i #-n 显示不换行
    for j in {1..9}   #内循环打印 1~9 数字
    do
        if [ $j -eq 5 ];then #判断 j 是否等于 5,如果等于 5 则跳出本次循环，开始下一轮循环
            continue
        fi
        echo -n $j
    done
    echo  #打印换行
done
```

　　以上是 continue 命令执行脚本，最外层 for 循环打印出 A、B、C 和 D，里面的 for 循环打印出 1~9 数字，判断$j 数字是否等于 5，如果等于 5 则本次整个循环结束，开始下一轮循环，执行结果如下：

```
[root@tianyun scripts]# chmod a+x continue.sh
[root@tianyun scripts]# ./continue1.sh
A12346789
B12346789
C12346789
D12346789
```

　　可以看到，只有 j=5 这层循环没有被执行，其他循环全部执行了，循环外的 echo 也执行了，说明执行到 continue 时，终止本次循环，并继续下一次循环，直到循环正常结束，接着继续执行了循环外面的所有语句。

　　2. break 命令终止循环

　　当满足一定条件时，需要从循环体中跳出来（提前结束循环，接着执行循环结构后面的代码）时，需要使用 break 命令。接下来通过一个案例来演示 break 命令的使用，具体如下所示。

　　例 5-7　break 命令执行相关的脚本

```
[root@tianyun scripts]# vim break.sh
#!/bin/bash
#最外层的 for 循环打印 A B C D
for i in {A..D}
do
    echo -n $i #-n 显示不换行
    for j in {1..9}   #内循环打印 1~9 数字
    do
        if [ $j -eq 5 ];then   #判断 j 是否等于 5,如果等于 5 则退出整个本次循环
            break
        fi
        echo -n $j
    done
    echo #打印换行
done
```

　　以上是 break 命令执行脚本，最外层 for 循环打印出 A、B、C 和 D，里面的 for 循环打印出 1~9 数字，判断$j 数字是否等于 5，如果等于 5 则退出整个循环。

　　执行结果如下：

```
[root@tianyun scripts]# chmod a+x break.sh
[root@tianyun scripts]# ./break.sh
A1234
B1234
```

```
C1234
D1234
```

从以上结果可以看出，j=5 以后的循环没有被执行，但循环外的 echo 执行了，执行 break 时就跳出了 if 及外层的 for 循环语句，然后执行 for 循环外部 echo 换行的语句。

5.6.4 shift 命令

对于位置参数或命令行参数来说，其个数必须是确定的；当 Shell 程序不知道其个数时，可以把所有参数赋值给变量$*。若用户要求 Shell 在不知道位置变量个数的情况下，还能逐一处理这些参数，也就是在$1 后为$2，在$2 后面为$3 等，此时就需要用到 Linux 中非常有用的命令 shift。

shift n 表示把第 n+1 个参数移到第 1 个参数，即命令结束后$1 的值等于$n+1 的值，而命令执行前的前面 n 个参数不能被再次引用。shift 语句按如下方式重新命名所有的位置参数变量，即[Math Processing Error]1,[Math Processing Error]2,…在程序中每使用一次 shift 语句，都使所有的位置参数依次向左移动一个位置，并使位置参数$#减 1，直到减到 0 为止。

shift 命令用于参数的移动（左移），通常用于在不知道传入参数个数的情况下依次遍历每个参数然后进行相应处理（常见于 Linux 中各种程序的启动脚本）。

例 5-8 Shell 内置命令 shift 的用法脚本。

```
[root@tianyun scripts]# vim shift1.sh
#!/bin/bash
while [ $# -ne 0 ]  #判断参数如果不等于 0 则执行下面循环
do
    useradd $1
    echo "$1 is created"
    shift
done
```

执行结果如下：

```
[root@tianyun scripts]# chmod a+x shift1.sh
[root@tianyun scripts]# ./shift1.sh y55 c77 i88
y55 is created
c77 is created
i88 is created
```

以上代码可知 shift 命令每执行一次，变量的个数（$#）减 1，而变量值提前一位。

5.7 本章小结

本章主要介绍了 Shell 函数的语法格式、Shell 函数使用方法、Shell 内置命令及案例实战。

5.8 习题

1. 填空题

（1）break 表示为_____。

（2）Shell 函数的语法格式为_____。

（3）Shell 函数传参格式为_____。

（4）$#表示_____。

（5）return 返回值范围是_____。

2. 选择题

（1）Shell 函数类似于（　　　）。

    A. 快捷键　　　　　B. 变量　　　　　　C. 别名　　　　　　D. 数组

（2）Shell 函数的定义是（　　　）。

    A. 若干条 Shell 语句组成的语句块　　　B. 代码的重用和模块化

    C. Shell 进程　　　　　　　　　　　　D. Shell 程序

（3）break 和 continue 都是用来控制（　　　）。

    A. 进程　　　　　B. 命令行　　　　　C. 循环结构　　　　D. 脚本

（4）Shell 参数中$1 表示含义是（　　　）。

    A. 第四个参数　　B. 第二个参数　　C. 第三个参数　　D. 第一个参数

（5）在 for 语句和 while 语句中退出本次循环的命令是（　　　）。

    A. break　　　　　B. exit　　　　　C. shift　　　　　D. continue

3. 编程题

（1）如何定义函数局部变量？

（2）编写一个用 Shell 函数检测 URL 的脚本。

06 第6章 正则表达式

本章学习目标

- 了解正则表达式概念
- 熟悉正则表达式元字符
- 掌握正则表达式语法
- 熟悉正则表达式运算符优先级
- 掌握正则表达式匹配规则
- 掌握正则表达式应用方法

正则表达式（Regular Expression，在代码中常简写为 regex、regexp 或 RE），又称规则表达式。正则表达式就是处理字符串的方法，以行为单位进行字符串的处理，通过一些特殊符号的辅助，让用户达到查找、删除、替换等目的。例如，Perl 就内建了一个功能强大的正则表达式引擎。正则表达式这个概念最初是由 UNIX 中的工具（如 sed 和 grep）普及开的。正则表达式通常缩写成 regex，单数有 regexp、regex，复数有 regexps、regexes、regexen。

6.1 正则表达式概念

正则表达式是对字符串进行操作的一种逻辑公式，就是用事先定义好的一些特定字符，组成一个"规则字符串"，用这个"规则字符串"来完成对字符串的一种过滤操作。

正则表达式用于在查找过程中匹配指定的字符。在大多数程序里，正则表达式都被置于两个正斜杠之间，例如，/l[oO]ve/就是由斜杠界定的正则表达式，斜杠匹配被查找的行中任何位置出现的相同内容。在正则表达式中，元字符是重要的概念。

6.2 正则表达式元字符

正则表达式由普通字符和元字符（Metacharacters）组成。普通字符包括大小写的字母和数字，而元字符则具有特殊的含义。元字符表达的是不同于字面本身的含义。元字符通常由各种执行模式匹配操作的程序（如 vi、grep、sed、awk、python）来解析，下面会给予解释。

在最简单的情况下，一个正则表达式看上去就是一个普通的查找模式。例如，正则表达式"testing"中没有包含任何元字符，它可以匹配"testing"和"testing123"等字符串，但不能匹配"Testing"。

想真正用好正则表达式，正确理解元字符是很有必要的。元字符描述如表 6.1 所示。

表 6.1   元字符描述

元字符	描述
\	将下一个字符标记为一个特殊字符，或一个后向引用，或一个八进制转义符。例如，"\\n"匹配"\n"，"\n"匹配换行符；序列"\\"匹配"\"，而"\("则匹配"("。它相当于多种编程语言中"转义字符"的概念。例如，love\.
^	匹配输入字行首，如^love。如果设置了 regexp 对象的 Multiline 属性，^也匹配"\n"或"\r"之后的位置
$	匹配输入行尾，如 love$。如果设置了 regexp 对象的 Multiline 属性，$也匹配"\n"或"\r"之前的位置
*	匹配前面的子表达式任意次。例如，"zo*"能匹配"z"，也能匹配"zo"及"zoo"。*等价于{0,}
+	匹配前面的子表达式一次或多次(大于等于 1 次)。例如，"zo+"能匹配"zo"及"zoo"，但不能匹配"z"。+等价于{1,}
?	匹配前面的子表达式零次或一次。例如，"do(es)?"可以匹配"do"或"does"。?等价于{0,1}
{n}	n 是一个非负整数。匹配确定的 n 次。例如，"o{2}"不能匹配"Bob"中的"o"，但是能匹配"food"中的两个 o
{n,}	n 是一个非负整数。至少匹配 n 次。例如，"o{2,}"不能匹配"Bob"中的"o"，但能匹配"foooood"中的所有 o。"o{1,}"等价于"o+"。"o{0,}"则等价于"o*"
{n,m}	m 和 n 均为非负整数，其中 n≤m。最少匹配 n 次且最多匹配 m 次。例如，"o{1,3}"将匹配"fooooood"中前三个 o 为一组，后三个 o 为一组。"o{0,1}"等价于"o?"。注意在逗号和两个数之间不能有空格
?	当该字符紧跟在任何一个其他限制符（*,+,?,{n},{n,},{n,m}）后面时，匹配模式是非贪婪的。非贪婪模式尽可能少地匹配所搜索的字符串，而默认的贪婪模式则尽可能多地匹配所搜索的字符串。例如，对于字符串"oooo"来说，"o+"将尽可能多地匹配"o"，得到结果["oooo"]，而"o+?"将尽可能少地匹配"o"，得到结果['o','o','o','o']
.	"点"匹配除"\n""\r"之外的任何单个字符。例如，l..e
(pattern)	匹配 pattern 并获取这一匹配。所获取的匹配可以从产生的 Matches 集合得到，在 VBScript 中使用 SubMatches 集合，在 JScripts 中使用$0…$9 属性。要匹配圆括号字符，请使用"\("或"\)"
x|y	匹配 x 或 y。例如，"z|food"能匹配"z"或"food"(此处请谨慎)。"[zf]ood"则匹配"zood"或"food"

续表

元字符	描述
[xyz]	字符集合。匹配所包含的任意一个字符。例如，"[abc]"可以匹配"plain"中的"a"。再如，[a-z0-9]ove
[^xyz]	负值字符集合。匹配未包含的任意字符。例如，"[abc]"可以匹配"plain"中的"plin"任一字符。再如，[^a-z0-9]ove
[a-z]	字符范围。匹配指定范围内的任意字符。例如，"[a-z]"可以匹配"a"到"z"范围内的任意小写字母字符。 注意：只有连字符在字符组内部时，并且出现在两个字符之间时，才能表示字符的范围；如果出字符组的开头，则只能表示连字符本身
\b	匹配一个单词的边界，也就是单词和空格间的位置（正则表达式的"匹配"有两种概念，一种是匹配字符，另一种是匹配位置，这里的\b表示匹配位置）。例如，"er\b"可以匹配"never"中的"er"，但不能匹配"verb"中的"er"；"\b1_"可以匹配"1_23"中的"1_"，但不能匹配"21_3"中的"1_"
\B	匹配非单词边界。"er\B"能匹配"verb"中的"er"，但不能匹配"never"中的"er"
\cx	匹配由x指明的控制字符。例如，\cM匹配一个Control-M或回车符。X的值必须为A-Z或a-z之一。否则，将c视为一个原义的"c"字符
\d	匹配一个数字字符。等价于[0-9]。grep要加上-P，perl正则支持
\D	匹配一个非数字字符。等价于[^0-9]。grep要加上-P，perl正则支持
\f	匹配一个换页符，等价于\x0c和\cL
\n	匹配一个换行符，等价于\x0a和\cJ
\r	匹配一个回车符，等价于\x0d和\cM
\s	匹配任何不可见字符，包括空格、制表符、换页符等，等价于[\f\n\r\t\v]
\S	匹配任何可见字符，等价于[^\f\n\r\t\v]
\t	匹配一个制表符，等价于\x09和\cI
\v	匹配一个垂直制表符，等价于\x0b和\cK
\w	匹配包括下画线的任何单词字符，类似但不等价于"[A-Za-z0-9_]"。 注意：这里的"单词"字符使用Unicode字符集
\W	匹配任何非单词字符，等价于"[^A-Za-z0-9_]"
\< \>	匹配词（word）的开始（\<）和结束（\>）。例如，正则表达式\<the\>能够匹配字符串"for the wise"中的"the"，但是不能匹配字符串"otherwise"中的"the"。 注意：这个元字符不是所有的软件都支持的。例如：\<love love\>

6.3 正则表达式语法

　　正则表达式是由普通字符（如字符a到z）及特殊字符（称为"元字符"）组成的文字模式。模式描述在搜索文本时要匹配的一个或多个字符。正则表达式作为一个模板，将某个字符模式与所搜索的字符串进行匹配。

　　要想达到熟练使用正则表达式元字符，就要掌握最基本的语法模式匹配。语法匹配描述如

表 6.2 所示。

表 6.2 语法匹配描述

元字符	描述
^	表示匹配字符串的开始位置。 注意：用在中括号中[ ]时，可以理解为取反，表示不匹配括号中字符串
$	表示匹配字符串的结束位置
*	表示匹配零次到多次
+	表示匹配一次到多次（至少一次）
?	表示匹配零次或一次
.	表示匹配单个字符
|	表示为或者，两项中取一项
( )	小括号表示匹配括号中全部字符
[ ]	中括号表示匹配括号中的一个字符，范围描述。例如，[0-9a-zA-Z]
{ }	大括号用于限定匹配次数。例如，{n}表示 n 个字符，{n,}表示至少匹配 n 个字符，{n,m}表示至少 n、最多 m
\	转义符。如上基本符合匹配都需要转义字符。例如，*表示匹配*号

　　构建正则表达式的方法和数学表达式的方法一样，也就是用多种元字符与运算符可以将小的表达式结合在一起来创建更大的表达式。正则表达式可以是单个字符、字符集合、字符范围、字符间的选择等任意组合。

6.4　正则表达式运算符优先级

　　正则表达式从左到右进行计算，并遵循优先级顺序，这与算术表达式非常类似。相同优先级的正则表达式从左到右进行运算，不同优先级的正则表达式运算先高后低。运算符优先级顺序如表 6.3 所示。

表 6.3 运算符优先级顺序

运算符	描述
\	转义符
( ) (?:)(?=) []	圆括号和方括号
*	表示匹配零次到多次
+ * ? {n} {n,} {n,m}	限定符
^ $ 任何元字符、任何字符	定位点和序列（位置和顺序）
|	替换，"或" |具有高于替换运算符的优先级，使得"m|food"匹配"food"。若要匹配"mood"或"food"，请使用括号创建子表达式，从而产生"(m|f)ood"

6.5 正则表达式匹配规则

6.5.1 基本模式匹配

模式是正则表示式最基本的元素。它是一组描述字符串特征的字符组成的字符集，用于匹配字符串。

例如：

```
^love
```

这个模式包含一个特殊的字符^，表示该模式只匹配那些以 love 开头的字符串。该模式与字符串 "lovewe" 匹配，与 "I love you" 不匹配。正如^符号表示开头一样，$符号表示用来匹配那些以给定模式结尾的字符串。

```
man$
```

这个模式与 "policeman" 匹配，与 policy 不匹配。字符^和$同时使用时，表示精确匹配（字符串与模式一样）。例如：只匹配字符串 "bash"。

```
^bash$
```

稍微复杂的字符，如标点符号和白字符（空格、制表符等），要用到转义符。所有的转义序列都用反斜杠（\）打头。制表符的转义序列是\t。如果要检测一个字符串是否以制表符开头，可以用如下模式：

```
^\t
```

类似地，用 "\n" 表示 "新行"，"\r" 表示 "回车"。

6.5.2 字符簇

在程序中，要判断输入的电话号码、地址、E-mail 地址、信用卡号码等是否有效，用普通基于字面的字符是不够的。因此，需要使用相应的字符模式的方法来描述，它就是字符簇。具体表示如下：

```
[AaEeIiOoUu]
```

这个模式与任何字符匹配，但只能表示一个字符。用连字符可以表示一个字符的范围，例如：

```
[a-z]      #匹配所有的小写字母
[A-Z]      #匹配所有的大写字母
[a-zA-Z]   #匹配所有的字母
[0-9]      #匹配所有的数字
```

同样，这些也只表示一个字符，这是非常重要的。如果要匹配一个由一个小写字母和一个数字组成的字符串，如是"z2"、"t6"或"g7"，而不是"ab2"、"r2d3"或"b52"，可以使用如下模式：

```
^[a-z][0-9]$
```

尽管[a-z]代表 26 个字母的范围，但在这里它只能与第一个字符是小写字母的字符串匹配。其中，^除表示字符串的开头外，它还有另外一个含义。当在一组方括号里使用^时，它表示"非"或"排除"的意思，常常用来剔除某个字符。

```
^[^0-9][0-9]$  # 第一个字符不能是数字
[^a-z]  # 除小写字母外的所有字符
[^$]  # 空行
```

正则表达式 POSIX 字符簇如表 6.4 所示。

表 6.4　　　　　　　　　　　　　正则表达式 POSIX 字符簇

字符簇	描述
[[:alnum:]]	字母与数字字符，如[[:alnum:]]+
[[:alpha:]]	字母字符(包括大小写字母)，如[[:alpha:]]{4}
[[:blank:]]	空格与制表符，如[[:blank:]]*
[[:digit:]]	数字字母，如[[:digit:]]?
[[:lower:]]	小写字母，如[[:lower:]]{5,}
[[:upper:]]	大写字母，如[[:upper:]]+
[[:punct:]]	标点符号，如[[:punct:]]
[[:space:]]	包括换行符，回车等在内的所有空白，如[[:space:]]+

但更多的情况下，可能要匹配一个单词或一组数字。一个单词有若干个字母组成，一组数字有若干个单数组成。跟在字符或字符簇后面的花括号({})用来确定前面的内容重复出现的次数。几个简单的字符簇如表 6.5 所示。

表 6.5　　　　　　　　　　　　　几个简单的字符簇

字符簇	描述
^[a-zA-Z_]$	所有的字母和下画线
^[[:alpha:]]{3}$	所有的 3 个字母的单词
^a$	字母 a
^a{4}$	aaaa
^a{2,4}$	aa、aaa 或 aaa
^a{1,3}$	a、aa 或 aaa
^a{2,}$	包含多于两个 a 的字符串

字符簇	描述
^a{2,}	如 aardvark 和 aaab，但 apple 不行
a{2,}	如 baad 和 aaa，但 Nantucket 不行
\t{2}	两个制表符
.{2}	所有的两个字符

这些例子描述了花括号的三种不同用法。一个数字 {x} 表示前面的字符或字符簇只出现 x 次；一个数字加逗号 {x,} 表示前面的内容出现 x 或更多次；两个数字用逗号分隔的数字 {x,y} 表示前面的内容至少出现 x 次，但不超过 y 次。可以把模式扩展到更多的单词或数字。具体如下所示：

```
^[a-zA-Z0-9_]{1,}$    #所有包含一个以上的字母，数字或下画线的字符串
^[1-9][0-9]{0,}$   #所有的正整数
^\-{0,1}[0-9]{1,}$     #所有的整数
^[ - ]?[0-9]+\.?[0-9]+$ 或^\-?[0-9]{1,}\.?[0-9]{1,}$   #所有的浮点数
```

特殊字符? 与 {0,1} 是相等的，它们都代表 0 个或 1 个前面的内容。特殊字符* 与 {0,} 是相等的，它们都代表 0 个或多个前面的内容。最后，字符+ 与 {1,} 是相等的，表示 1 个或多个前面的内容。上面的 4 个例子可以写成：

```
^[a-zA-Z0-9_]+$    #所有包含一个以上的字母，数字或下画线的字符串
^[1-9][0-9]*$   #所有的正整数
^\-{0,1}[0-9]+$    #所有的整数
^[ - ]?[0-9]+(\.[0-9]+)?$  #所有的浮点数
```

6.6 grep 命令

6.6.1 grep 命令简介

接下来讲述 Linux grep 与正则表达式的使用。Linux grep 与正则表达式使用首先要了解 grep 命令。

grep 命令是一种强大的文本搜索工具，它能使用正则表达式搜索文本，在文件中全局查找指定的正则表达式，并打印所有包含该表达式的行。通常 grep 有三种版本，即 grep、egrep（等同于 grep -E）和 fgrep。egrep 为扩展的 grep，其支持更多的正则表达式元字符。fgrep 则为快速 grep（固定的字符串对文本进行搜索，不支持正则表达式的引用但查询极为快速），它按字面解释所有的字符。grep 是 Linux 文本处理工具中的三剑客之一。

6.6.2　grep 命令语法格式

grep 命令的语法格式为：

```
grep  [OPTIONS 选项]  PATTERN  [FILENAME  FILENAME…]
```

例如：

```
[root@tianyun ~] # grep 'Tom' /etc/passwd
[root@tianyun ~] # grep 'bash shell' /etc/test
```

返回状态为：

找到匹配的表达式：	grep 返回的退出状态为 0
没找到匹配的表达式：	grep 返回的退出状态为 1
找不到指定文件：	grep 返回的退出状态为 2

grep 命令的输入可以来自标准输入或管道，而不仅仅是文件，具体如下所示。

例 6-1　grep 命令表示方式。

```
[root@tianyun ~] # ps aux |grep 'sshd'
root  1720   0.0  0.0  82464    1396  ?     Ss  Aug15  0:00  /usr/sbin/sshd
root  20553 0.0  0.0  147700  5608  ?     Ss  09:05   0:02  sshd: root@pst/4
root  23022 0.0  0.0  112648  956  pst/4  S+  16:27   0:00  grep -color=auto sshd
[root@tianyun ~] # ll |grep '^d'
drwxr - xr - x 3  root   root  27  Aug  16  11:02  192.168.122.67
drwxr - xr - x 2  root   root  64  Aug  16  14:07  Desktop
drwxr - xr - x 2  root   root  27  Aug  16  11:02  Documents
drwxr - xr - x 2  root   root  27  Aug  16  11:02  Downloads
drwxr - xr - x 2  root   root  27  Aug  16  11:02  Music
drwxr - xr - x 2  root   root  27  Aug  16  11:02  Pictures
drwxr - xr - x 2  root   root  27  Aug  16  11:02  Scripts
drwxr - xr - x 2  root   root  27  Aug  16  11:02  Templates
drwxr - xr - x 2  root   root  27  Aug  16  11:02  Videos
[root@tianyun ~] # grep 'alice' /etc/passwd  /etc/shadow /etc/group
```

6.6.3　grep 命令使用方式

grep 常见选项如下：

```
-i, --ignore-case   忽略字符的大小写

-l, --files-with-matches  只列出匹配行所在的文件名

-n, --line-number    在每一行前面加上它在文件中的相对行号

-c, --count      显示成功匹配的行数

-s, --no-messages   禁止显示文件不存在或文件不可读的错误信息

-o, --only-matching   仅显示匹配的字符串本身
```

-v, --invert-match	反复查找，只显示不被模式匹配的行
-R, -r,--recursive	递归针对目录
--color	颜色
-q, --quiet, --silent	静默模式--quiet, --silent 即不输出任何信息
-A, --after-context=NUM	print NUM lines of trailing context 显示被模式匹配的行及其后#行
-B, --before-context=NUM	print NUM lines of leading context 显示被模式匹配的行及其前#行
-C, --context=NUM	print NUM lines of output context 显示被模式匹配的行及其前后各#行
-G 支持基本正则表达式	

针对"--color"选项，在.bashrc 或者.bash_profile 文件中加入 alias grep=grep -color=auto，生效后，grep 的搜索结果自动高亮匹配。

针对"搜索字符串"选项，使用正则表达式时必须用单引号 ' 括起来，避免与 Shell 的元字符冲突。结合 grep 与正则表达式，能快速准确地找到希望匹配的字符串和行，提高工作效率。grep 常见的用法如下所示。

例 6-2 常见的 grep 表达式脚本。

```
1：搜索文件中/etc/passwd匹配root的字符串
[root@tianyun ~] # grep -q 'root' /etc/passwd;echo $?
0
2：搜索文件中/etc/vsftpd/vsftpd.conf匹配不是#开头的行
[root@tianyun ~] # ll |grep -v '^#' /etc/vsftpd/vsftpd.conf
anonymous_enable=YES
local_enable=YES
write_enable=YES
local_umask=022
dirmessage_enable=YES
xferlog_enable=YES
connect_from_port_20=YES
xferlog_std_format=YES
listen=NO
listen_ipv6=YES
pam_service_name=vsftpd
userlist_enable=YES
tcp_wrappers=YES
3：对于目录/root/scripts  -R递归选项打印
[root@tianyun ~] # grep -R '=~' /root/scripts/
/root/scripts/useradd02.sh:if [[ ! "$num"  =~  ^[0-9]+$ ]];then
/root/scripts/useradd03.sh: if [[ !"$num" =~ ^[0-9]+$ ]];then
4：对于目录/root/scripts/  -r递归选项打印
[root@tianyun ~] # grep -r '=~' /root/scripts/
/root/scripts/useradd02.sh:if [[ ! "$num"  =~  ^[0-9]+$ ]];then
/root/scripts/useradd03.sh: if [[ !"$num" =~ ^[0-9]+$ ]];then
5：显示匹配字符串root 的前两行
[root@tianyun ~] # grep -B2 'root' /etc/passwd
```

```
root:x:0:0:root:/root:/bin/bash
--
halt:x:7:0:halt:/sbin:/sbin/halt
mail:x:8:12:mail:/var/spool/mail:/sbin/nologin
operator:x:11:0:operator:/root:/sbin/nologin
```
6：显示被匹配字符串 root 的后两行
```
[root@tianyun ~ ] # grep -A2 'root' /etc/passwd
root:x:0:0:root:/root:/bin/bash
bin:x:1:1:bin:/bin:/sbin/nologin
daemon:x:2:2:daemon:/sbin:/sbin/nologin
--
operator:x:11:0:operator:/root/:/sbin/nologin
games:12:100:games:/usr/games:/sbin/nologin
ftp:x:14:50:FTP User:/var/ftp:/sbin/nologin
```
7：显示匹配字符串 root 的前后两行
```
[root@tianyun ~ ] # grep  -C2 'root'  /etc/passwd
root:x:x:0:0:root:/root:/bin/bash
bin:x:1:1:bin:/bin:/sbin/nologin
daemon:x:2:2:daemon:/sbin:/sbin/nologin
--
halt:x:7:0:halt:/sbin:/sbin/halt
mail:x:8:12:mail:/var/spool/mail:/sbin/nologin
operator:x:11:0:operator:/root:/sbin/nologin
games:x12:100:games:/usr/games:/sbin/nologin
ftp:x:14:50:FTP User:/var/ftp:/sbin/nologin
```
8：指定匹配字符串'=~'
```
[root@tianyun ~ ] # grep -o '=~' /root/scripts/*
/root/scripts/useradd02.sh:=~
/root/scripts/useradd03.sh:=~
```

6.6.4　grep 命令结合正则表达式使用

grep 命令一般结合基本正则表达式使用。grep 字符匹配如表 6.6 所示。

表 6.6　　　　　　　　　　　　　　　**grep 字符匹配**

元字符	描述
[:digit:]或[0-9]	匹配任意单个字符
[:lower:]或[a-z]	匹配任意单个小写字母
[:upper:]或[A-Z]	匹配任意单个大写字母
[:alpha:]或[a-zA-Z]	匹配任意单个大写字母或小写字母
[:alnum:]或[0-9a-zA-Z]	匹配任意单个字母或数字

　　每一类正则表达式本身的表达式是需要用户去写的，但表达式的元字符都有着固定的或者特定的意义，可以根据需要理解或组合字符，生成模式。grep 次数匹配元字符如表 6.7 所示。

表 6.7   grep 次数匹配元字符

元字符	描述
^	锚定行首
$	锚定行尾
.	匹配任意一个字符
*	匹配零个或多个字符
\?	匹配其前面的字符 0 次或者 1 次
\+	匹配其前面的字符 1 次或者多次
\{m\}	匹配其前面的字符 m 次（\为转义符）
\{m,n\}	匹配其前面的字符至少 m 次，至多 n 次
[]	匹配一个指定范围内的字符，而"[^]"匹配指定范围外的任意单个字符
\<或\b	锚定词首，\>或\b 锚定词尾（可用\<PATTERN\>匹配完整单词）
\(\)	将多个字符当作一个整体进行处理
\1	模式从左侧起，第一个左括号及与之匹配的右括号之间模式匹配的内容
\2	模式从左侧起，第二个左括号及与之匹配的右括号之间模式匹配的内容
\w	所有的字母与数字，称为字符，[a-zA-Z0-9]
\W	所有字母与数字之外的字符，称为非字符，[^a-zA-Z0-9]
.*	匹配任意长度的任意字符

其中，"\1"、"\2"、$是后向引用，引用前面的分组括号中的模式所匹配的字符。在某行文本的检查中，如果使用"\(\)"，则分组括号中的模式匹配的某内容可以被引用。扩展正则表达式与正则表达式略有不同。

egrep 一般结合扩展正则表达式使用，egrep 和 grep 用法相近，在字符运用上稍有区别，扩展正则表达式的功能和用法如下。

"[]"：依旧匹配指定范围内的任意单个字符，但有很多特殊匹配方式。egrep 字符匹配如表 6.8 所示。

表 6.8   egrep 字符匹配

元字符	描述
[:digit:]或[0-9]	匹配任意单个字符
[:lower:]或[a-z]	匹配任意单个小写字母
[:upper:]或[A-Z]	匹配任意单个大写字母
[:alpha:]或[a-zA-Z]	匹配任意单个大写字母或小写字母
[:alnum:]或[0-9a-zA-Z]	匹配任意单个字母或数字
[[:space:]]或 TAB	匹配单个空格
[[:punct:]]	表示任意单个标点
[:alnum:]或[0-9a-zA-Z]	匹配任意单个字母或数字
[^]	匹配指定集合外的任意单个字符

部分元字符可限定正则的匹配范围。

egrep 范围匹配如表 6.9 所示。

表 6.9 　　　　　　　　　　　　　　　**egrep 范围匹配**

元字符	描述
?	匹配其前面的字符 0 次或 1 次
+	匹配前面的字符 1 次或多次
{m,n}	匹配前面的字符至少 m 次，至多 n 次
()	将一个或多个字符捆绑在一起，当作一个整体进行处理，反向引用照常使用
*	匹配其前面的字符任意次，0、1 或多次
|	或，如，"C|cat" 为 C 与 cat
{m}	匹配其前面的字符 m 次
^	行首锚定，写在模式的最左侧
$	行尾锚定，写在模式的最右侧
\<	词首锚定，出现在要查找的单词模式的左侧
\>	词尾锚定，出现在要查找的单词模的最右侧

6.6.5　grep 命令结合正则表达式案例实战

grep 命令结合正则表达式使得 Linux 运维工作不仅化繁为简，而且用起来简单、高效。下面是 grep 命令或 egrep 命令结合正则表达式一些实战举例，具体如下所示。

例 6-3　使用 egrep 匹配文件中 root 字符串。

```
[root@tianyun ~] # egrep 'root' /etc/passwd /etc/shadow /etc/hosts
/etc/passwd:root:x:0:0:root:/bin/bash
/etc/passwd:operator:x:11:0:operator:/root:/sbin/nologin
/etc/shadow:root:$6$gcO6Vp4t$OX9LmVgpjtur67UQdUYfw7vJW.78.uRXCLIxw4mBk82Z99:7:::
```

例 6-4　使用 egrep 列出匹配行的文件名。

```
[root@tianyun ~]# egrep -l 'root' /etc/passwd /etc/shadow /etc/hosts
/etc/passwd
/etc/shadow
```

例 6-5　在每行之前加上该行在文件中的相对行号。

```
[root@tianyun ~]# egrep -n 'root' /etc/passwd /etc/shadow /etc/hosts
/etc/passwd:1:root:x:0:0:root:/root:/bin/bash
/etc/passwd:11:operator:x:11:0:operator:/root:/sbin/nologin
/etc/shadow:1:root: :$6$gcO6Vp4t$OX9LmVgpjtur67UQdUYfw7vJW.78.uRXCLIxw4mBk82Z99:7:::
```

例 6-6　使用 egrep 匹配 IP 地址。

```
[root@tianyun ~]# egrep '([0-9]{1,3}\.){3}[0-9]{1,3}'
/etc/sysconfig/network-scripts/ifcfg-eth0
DNS1=202.106.0.20
```

```
DNS2=10.18.40.100
IPADDR=10.18.40.100
GATEWAY=10.18.40.1
```

例 6-7　找出/etc/rc.d/init.d/functions 文件中行首为某单词（包括下画线）后面跟一个小括号的行。

```
[root@tianyun ~]# cat  /etc/rc.d/init.d/functions  | grep -Eo "^[a-zA-Z]*_*.*\(\)"
systemctl_redirect  ( )
checkpid( )
_kill_pids_term_kill_checkpids( )
_kill_pids_term_kill( )
_pids_var_run( )
_pids_pidof( )
daemon( )
killproc( )
pidfileofproc( )
pidofproc( )
status( )
echo_success( )
echo_failure( )
echo_passed( )
echo_warning( )
update_boot_stage( )
success( )
failure( )
passed( )
warning( )
action( )
strstr( )
is_ignored_file( )
is_true( )
is_false( )
apply_sysctl()
```

例 6-8　列出/etc/目录下所有以.conf 结尾的文件名，并将其名字转换为大写后保存至/tmp/etc.conf 文件中。

```
[root@tianyun ~]# find /etc -name '*.conf' |grep -Eo "[^/]*(\.conf)$" |tr 'a-z' 'A-Z'
>/tmp/etc.conf
[root@tianyun ~]# cat /tmp/etc.conf
RESOLV.CONF
CA-LEGACY.CONF
FASTESTMIRROR.CONF
LANGPACKS.CONF
SYSTEMD.CONF
VERSION-GROUPS.CONF
LVM.CONF
LVMLOCAL.CONF
ASOUND.CONF
```

```
LDAP.CONF
MLX4.CONF
RDMA.CONF
SMTPD.CONF
```

例 6-9　显示/proc/meminfo 文件中以大小 s 开头的行。

```
[root@tianyun ~]# cat /proc/meminfo | grep "^[sS]"
SwapCached:        0 kB
SwapTotal:      4194300 KB
SwapFree:       4194300 KB
Shmem:          9120 KB
Slab:           93956 KB
SReclaimable:    48144 KB
SUnreclaim:      45812 KB
```

例 6-10　显示/etc/passwd 文件中不以/bin/bash 结尾的行。

```
[root@tianyun ~]# cat /etc/passwd | grep -v "/bin/bash$"
bin:x:1:1:bin:/bin:/sbin/nologin
daemon:x:2:2:daemon:/sbin:/sbin/nologin
adm:x:3:4:adm:/var/adm:/sbin/nologin
lp:x:4:7:lp:/var/spool/lpd:/sbin/nologin
sync:x:5:0:sync:/sbin:/bin/sync
shutdown:x:6:0:shutdown:/sbin:/sbin/shutdown
halt:x:7:0:halt:/sbin:/sbin/halt
mail:x:8:12:mail:/var/spool/mail:/sbin/nologin
operator:x:11:0:operator:/root/:/sbin/nologin
games:x:12:100:games:/usr/games:/sbin/nologin
ftp:x:14:50:FTP User:/var/ftp:/sbin/nologin
```

例 6-11　找出 "netstat -tan" 命令的结果中以 "LISTEN" 后跟任意多个空白字符结尾的行。

```
[root@tianyun ~]# netstat -tan |grep "LISTEN[[:space:]].*"
tcp   0   0   0.0.0.0:111         0.0.0.0:*        LISTEN
tcp   0   0   192.168.122.1:53    0.0.0.0:*        LISTEN
tcp   0   0   0.0.0.0:22          0.0.0.0:*        LISTEN
tcp   0   0   127.0.0.1:631       0.0.0.0:*        LISTEN
tcp   0   0   127.0.0.1:25        0.0.0.0:*        LISTEN
tcp6  0   0   :::111              :::*             LISTEN
tcp6  0   0   :::22               :::*             LISTEN
tcp6  0   0   ::1:631             :::*             LISTEN
tcp6  0   0   ::1:25              :::*             LISTEN
```

例 6-12　显示 CentOS 7 上所有系统用户的用户名和 UID。

```
[root@tianyun ~]# cat /etc/passwd |cut -d":" -f1,3 |grep -v "root" |grep -v
"[0-9]\{4,\}"
bin:1
daemon:2
```

```
adm:3
lp:4
sync:5
shutdown:6
halt:7
mail:8
```

例 6-13 取出文件/etc/inittab 文件中，以#开头，且后面跟一个空格的行。

```
[root@tianyun ~]# grep "^#[[:space:]]" /etc/inittab
# inittab is only used by upstart for the default runlevel.
# ADDING OTHER CONFIGURATION HERE WILL HAVE NO EFFECT ON YOUR SYSTEM.
# System initialization is started by /etc/init.rcS.conf.
# Individual runlevels are started by /etc/init/rc.conf.
# Ctrl-Alt-Delete is handled by /etc/init/control-alt-delete.conf.
# Terminal gettys are handled by /etc/init/tty.conf and /etc/init/serial.conf.
# with congiguration in /etc/sysconfig/init.
# For information on how to write upstart event handlers, or how
# upstart works, see init(5), init(8), and initctl(8)
#Default runlevel. The runlevels used are:
#  0 - halt (Do NOT set initdefault to this)
#  1 - Single user mode
#  2 - Multiuser, without NFS (The same as 3, if you do not have networking)
#  3 - Full multiuser mode
#  4 - unused
#  5 - X11
#  6 - reboot (Do NOT set initdefault to this)
```

例 6-14 使用 egrep 取出/etc/rc.d/init.d/functions 中其基名。

```
[root@tianyun ~]# echo /etc/rc.d/init.d/functions | egrep -o
"\b[[:alnum:]]+/*$"
functions
```

例 6-15 取出 grep 选项-R。

```
[root@tianyun ~]# grep --help |grep "\-R"
-R,-r,--recursive equivalent to –directories=recurse
  --include=FILE_PATTERN search only files that match FILE_PATTERN
  --exclude=FILE_PATTERN skip files and directories matching FILE_PATTERN
  --exclude-from=FILE skip files matching any file pattern from FILE
  --exclude-dir=PATTERN directories that match PATTERN will be skipped.
-L, --files-without-match print only names of FILEs containing no match
```

6.7 本章小结

本章重点讲解了正则表达式概念、正则表达式的语法、正则表达式的元字符、正则表达式的匹配规则、grep 命令结合正则表达式使用等知识。通过本章的学习，读者需要掌握正则表达式的格式、元字符、正则匹配及 grep 命令结合正则表达式的使用等操作，需要知道正则表达式中不同匹配规则有不同的语法格式和含义。

6.8　习题

1. 填空题

（1）正则表达式是由_____和_____组成的。

（2）普通字符包括_____和_____，而元字符则_____。

（3）{m,n}表示_____。

（4）x|y 表示_____。

（5）grep 语法格式为_____。

2. 选择题

（1）"^" 表示为（　　）。

    A. 匹配行首　　　　B. 匹配行尾　　　　C. 匹配单个字符　　D. 匹配多个字符

（2）"?" 表示为（　　）。

    A. 匹配至少 1 次　　　　　　　　B. 匹配 0 次或 1 次

    C. 匹配至少 2 次　　　　　　　　D. 匹配无数次

（3）（　　）匹配小写字母。

    A. [0-9]　　　　　B. [A-Z]　　　　　C. [a-Z]　　　　　D. [a-z]

（4）grep 命令选项中（　　）表示忽略大小写。

    A. -o　　　　　　B. -v　　　　　　C. -n　　　　　　D. -i

（5）"+" 表示字符出现 1 次或多次，等价于（　　）。

    A. {1,2}　　　　　B. {1,}　　　　　C. {2,3}　　　　　D. {3,}

3. 简答题

（1）正则表达式和扩展正则表达式的区别。

（2）判断输入的 IP 地址是不是合法的 IP 地址。

07

第7章　流编辑器sed

本章学习目标

- 了解 sed 及其工作原理
- 掌握 sed 语法
- 掌握 sed 特点
- 掌握 sed 用法

流编辑器 sed（Stream Editor）是最早支持正则表达式的工具之一，至今仍然被人们用来做文本处理。sed 是一个脚本型、非交互式的编辑器，也就是说 sed 与常见的编辑器（如 vim）不同，sed 没有交互式的编辑界面、光标移动以及庞大的快捷键功能。

7.1　sed 工作原理

sed 一次处理一行内容。处理时，把当前处理的行存储在临时缓冲区（模式空间）中，接着用 sed 命令处理缓冲区中的内容，处理完成后，再把缓冲区的内容输出到屏幕。接着处理下一行，这样不断重复，直到文件末尾。除非使用重定向存储输出，否则文件内容并不改变。sed 主要用来自动编辑一个或多个文件，简化对文件的反复操作，编写转换程序等。

sed 工作原理如图 7.1 所示，它有两个内存缓冲区，分别为模式空间和保持空间（暂存缓冲区）。

一般情况下，sed 首先把第一行的内容装入模式空间，处理后输出到屏幕；然后继续把第二行装入模式空间（替换掉模式空间里第一行的内容），再进行处理；依次循环，直至结束。

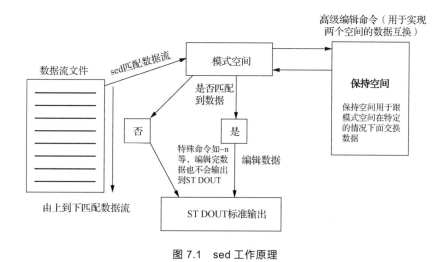

图 7.1　sed 工作原理

图 7.1 流程图解释为以下三步。

第一步：sed 每次将标准输入中的内容中的一行读入模式空间。

第二步：之后根据模式空间中的匹配条件进行匹配，符合条件进入下一阶段即普通编辑，不满足则默认至标准输出，结束。

第三步：普通编辑之后分三个阶段。（1）普通编辑之后选择性显示到 STDOUT，结束；（2）进入保持空间进行高级编辑，编辑结束后选择性显示到模式空间，之后再次根据编辑命令重复（2）（3）；（3）若出现多次编辑命令，则需要再返回模式空间根据编辑条件重复（2）（3）。

7.2　sed 语法格式及特点

sed 从文件中读取数据，如果没有输入文件，则默认对标准输入进程数据进行处理，sed 可以将数据进行替换、删除、新增、选取特定行等功能，接下来先了解下 sed 语法格式。

7.2.1　sed 语法格式

sed 命令语法格式为：

```
sed [options]  command  file1  file2 …
```

或：

```
sed [options] -f scriptfile
```

上面命令格式中，展示了 sed 的两种使用方法。第一种调用方法中，将编辑指令直接放选项后面，这是最常见的方法。当执行一些较为复杂的编辑操作时，使用的编辑命令可能会很长，这时通常将编辑指令放入一个脚本文件中，通过第二种方法来调用 sed 编辑文件。

 sed 和 grep 不一样，无论是否找到指定的模式，它的退出状态都是 0；只有当命令存在语法错误时，sed 的退出状态才是非 0。

7.2.2 sed 特点

sed 编辑器是一个很强大的工具。它有如下特点：

（1）非交互、基于模式匹配的过滤及修改文本。

（2）逐行处理，太大的文件使用 sed 会显得格外有优势。

（3）可实现对文本的输出、删除、替换、复制、剪切、导入、导出等各种编辑。

（4）脚本化，在 Shell 脚本编程中使用 sed 比 vim 方便。

7.3 sed 用法

sed 命令常见的选项如表 7.1 所示。

表 7.1　　　　　　　　　　　　　　　　sed 命令常见的选项

命令选项	描述
-n	使用安静（Silent）模式。在一般 sed 的用法中，所有来自 stdin 的内容一般都会被列出到屏幕，但如果加上-n 参数后，则只有经过 sed 特殊处理的那一行才会被列出来
-e	允许在该选项后面加一条新的编辑指令。当有多条编辑指令时，应该使用该选项逐一添加，如果编辑指令只有一条，可以不使用该选项
-f	直接将 sed 的操作写在一个文件内，-f　finame 则可以执行 filename 内的 sed 动作
-i	直接修改读取的文件内容，而不是由屏幕输出
-r	支持扩展正则表达式
-h	输出 sed 的帮助信息

表 7.2 是 sed 命令常见的 command 选项，用于如何新增和删除的操作。

表 7.2　　　　　　　　　　　　　　sed 命令常见的 command 选项

命令选项	描述
a\	新增，a 后面可以接字串，而这些字串会在新的一行出现（当前行的下一行）
c\	用新文本替换定位文本
d	删除
i\	插入内容，i 的后面可以接字串
p	打印，将处理过的字符串打印出来，通常 p 会与参数 sed　-n 一起使用
s	查找替换，通常 s 可以搭配正则表达式，其分隔符可自行指定，常见有 s@@@，s###。例如，s@root@ROOT@

表 7.3 是 sed 命令高级 command 选项。

表 7.3　　　　　　　　　　**sed 命令高级 command 选项**

命令选项	描述
h	复制模式空间的内容到保持空间
H	追加模式空间的内容到保持空间
g	获得保持空间中的内容，并追加到当前模式空间的后面
G	获得保持空间中的内容，并追加到当前模式空间的后面
n	读取下一行输入行，用下一个命令处理新的行而不是用第一个命令
P	打印模式空间中第一行
q	退出 sed
w file	写并追加模式空间
!	表示后面的命令对所有没有被选定的行发生作用
s/sting1/string2	用字符串 string1 替换字符串 string2
i\	插入内容，i 后面可以接字符串
=	打印当前号码

表 7.4 是替换标记选项。

表 7.4　　　　　　　　　　**替换标记选项**

命令选项	描述
g	行内全面替换，如果没有 g，只替换第一个匹配
X	互换模式空间和保持空间中的文本内容
y	把一个字符翻译为另一个字符（但是不能用于正则表达式）

7.4　sed 支持正则表达式

sed 在文件中查找模式时也可以使用正则表达式和各种元字符。正则表达式是括在斜杠间的模式，用于查找和替换。以下是 sed 支持的元字符。

使用基本元字符集如下：

```
^, $, ., *, [ ], [^], \< \>, \(\), \{\}
```

使用扩展元字符集如下：

```
?, +, { }, |, ( )
```

以/etc/passwd 为例，取出文件/etc/passwd 前十行，具体如下所示。

例 7-1　取出/etc/passwd 文件前十行。

```
[root@tianyun ~]# head /etc/passwd
```

执行结果如下：

```
root:x:0:0:root:/root:/bin/bash
bin:x:1:1:bin:/bin:/sbin/nologin
daemon:x:2:2:daemon:/sbin:/sbin/nologin
adm:x:3:4:adm:/var/adm:/sbin/nologin
lp:x:4:7:lp:/var/spool/lpd:/sbin/nologin
sync:x:5:0:sync:/sbin:/bin/sync
shutdown:x:6:0:shutdown:/sbin:/sbin/shutdown
halt:x:7:0:halt:/sbin:/sbin/halt
mail:x:8:12:mail:/var/spool/mail:/sbin/nologin
operator:x:11:0:operator:/root:/sbin/nologin
```

把文件/etc/passwd 前十行重定向到文件 passwd 中。

```
[root@tianyun ~]# head /etc/passwd > passwd
```

下面以文件 passwd 为操作样本源文件来介绍 sed 用法，由于 sed 选项为空，使用 sed 工作原理打印 passwd。

例 7-2 使用 sed 工作原理打印 passwd 文件。

```
[root@tianyun ~]# sed '' passwd
```

执行结果如下：

```
root:x:0:0:root:/root:/bin/bash
bin:x:1:1:bin:/bin:/sbin/nologin
daemon:x:2:2:daemon:/sbin:/sbin/nologin
adm:x:3:4:adm:/var/adm:/sbin/nologin
lp:x:4:7:lp:/var/spool/lpd:/sbin/nologin
sync:x:5:0:sync:/sbin:/bin/sync
shutdown:x:6:0:shutdown:/sbin:/sbin/shutdown
halt:x:7:0:halt:/sbin:/sbin/halt
mail:x:8:12:mail:/var/spool/mail:/sbin/nologin
operator:x:11:0:operator:/root:/sbin/nologin
```

以上命令使用了 sed 工作原理自动打印文件 passwd 的内容，下面对文件 passwd 做删除操作，具体如下所示。

例 7-3 删除/etc/passwd 文件第 4 行。

```
[root@tianyun ~]# sed '4d' passwd
```

执行结果如下：

```
root:x:0:0:root:/root:/bin/bash
bin:x:1:1:bin:/bin:/sbin/nologin
daemon:x:2:2:daemon:/sbin:/sbin/nologin
lp:x:4:7:lp:/var/spool/lpd:/sbin/nologin
```

```
sync:x:5:0:sync:/sbin:/bin/sync
shutdown:x:6:0:shutdown:/sbin:/sbin/shutdown
halt:x:7:0:halt:/sbin:/sbin/halt
mail:x:8:12:mail:/var/spool/mail:/sbin/nologin
operator:x:11:0:operator:/root:/sbin/nologin
```

下面对使用 sed 加上 p 命令对 passwd 文件进行打印操作，由于 sed 默认会输出处理后每一行的内容，而此时又使用了 p 命令，所以每一行会输出两次，具体如下所示。

例 7-4 使用 sed 工作原理打印 passwd 文件。

```
[root@tianyun ~]# sed 'p' passwd
```

执行结果如下：

```
root:x:0:0:root:/root:/bin/bash
root:x:0:0:root:/root:/bin/bash
bin:x:1:1:bin:/bin:/sbin/nologin
bin:x:1:1:bin:/bin:/sbin/nologin
daemon:x:2:2:daemon:/sbin:/sbin/nologin
daemon:x:2:2:daemon:/sbin:/sbin/nologin
adm:x:3:4:adm:/var/adm:/sbin/nologin
adm:x:3:4:adm:/var/adm:/sbin/nologin
lp:x:4:7:lp:/var/spool/lpd:/sbin/nologin
lp:x:4:7:lp:/var/spool/lpd:/sbin/nologin
sync:x:5:0:sync:/sbin:/bin/sync
sync:x:5:0:sync:/sbin:/bin/sync
shutdown:x:6:0:shutdown:/sbin:/sbin/shutdown
shutdown:x:6:0:shutdown:/sbin:/sbin/shutdown
halt:x:7:0:halt:/sbin:/sbin/halt
halt:x:7:0:halt:/sbin:/sbin/halt
mail:x:8:12:mail:/var/spool/mail:/sbin/nologin
mail:x:8:12:mail:/var/spool/mail:/sbin/nologin
operator:x:11:0:operator:/root:/sbin/nologin
operator:x:11:0:operator:/root:/sbin/nologin
```

要想取消 sed 的默认打印，应使用 "-n" 选项，屏蔽 sed 程序自动输出功能。

```
[root@tianyun ~]# sed -rn 'p' passwd
```

执行结果如下：

```
root:x:0:0:root:/root:/bin/bash
bin:x:1:1:bin:/bin:/sbin/nologin
daemon:x:2:2:daemon:/sbin:/sbin/nologin
adm:x:3:4:adm:/var/adm:/sbin/nologin
lp:x:4:7:lp:/var/spool/lpd:/sbin/nologin
sync:x:5:0:sync:/sbin:/bin/sync
shutdown:x:6:0:shutdown:/sbin:/sbin/shutdown
halt:x:7:0:halt:/sbin:/sbin/halt
mail:x:8:12:mail:/var/spool/mail:/sbin/nologin
```

```
operator:x:11:0:operator:/root:/sbin/nologin
```

由以上范例可知，在编写的脚本指令需要指定一个地址来决定操作范围，如果不指定，则默认对文件的所有行进行操作。例如，sed 'd' passwd 将删除 passwd 的所有行，而 sed '4d' passwd 仅删除第 4 行。

7.5 sed 案例实战

sed 通过特定的指令对文件进行处理，这里简单介绍几个指令操作作为 sed 工具的范例。下面范例使用替换指令，指令格式为 s/pattern/replacement/flags，其中 s 为替换指令，/pattern/匹配需要替换的内容，/replacement/为替换的新内容，flags 标记可以为 g 表示对模式空间的所有匹配进行全局更改，也可以为 p 表示打印模式空间的内容，d 表示删除指令，具体如下所示。

例 7-5 在文件 passwd 中搜索 root 并替换为 alice。

```
[root@tianyun ~]# sed -r 's/root/alice/' passwd
```

执行结果如下：

```
alice:x:0:0:root:/root:/bin/bash        ##没有 g 只替换第一行第一个 root
bin:x:1:1:bin:/bin:/sbin/nologin
daemon:x:2:2:daemon:/sbin:/sbin/nologin
adm:x:3:4:adm:/var/adm:/sbin/nologin
lp:x:4:7:lp:/var/spool/lpd:/sbin/nologin
sync:x:5:-:sync:/sbin:/bin/sync
shutdown:x:6:0:shutdown:/sbin:/sbin/shutdown
halt:x:7:0:halt:/sbin:/sbin/halt
mail:x:8:12:mail:/var/spool/mail:/sbin/nologin
operator:x:11:0:operator:/alice:/sbin/nologin
```

下面加上"g"，表示对模式空间的所有匹配进行全局更改。没有 g 则只有第一次匹配被替换，如一行中有 3 个 root，则仅替换第一个 root，具体如下所示。

```
[root@tianyun ~]# sed -r 's/root/alice/g' passwd
```

执行结果如下：

```
alice:x:0:0:alice:/alice:/bin/bash        ##加上 g 全文 root 替换 alice
bin:x:1:1:bin:/bin:/sbin/nologin
daemon:x:2:2:daemon:/sbin:/sbin/nologin
adm:x:3:4:adm:/var/adm:/sbin/nologin
lp:x:4:7:lp:/var/spool/lpd:/sbin/nologin
sync:x:5:-:sync:/sbin:/bin/sync
shutdown:x:6:0:shutdown:/sbin:/sbin/shutdown
```

```
halt:x:7:0:halt:/sbin:/sbin/halt
mail:x:8:12:mail:/var/spool/mail:/sbin/nologin
operator:x:11:0:operator:/alice:/sbin/nologin
```

地址用于决定对哪些行进行编辑。地址的形式可以是数字、正则表达式或两者的结合。如果没有指定地址，sed 将处理输入文件中的所有行。具体如下所示。

例 7-6　sed 处理输入文件中的所有行。

```
[root@tianyun ~]# sed -r '3d' passwd  #删除第三行
```

执行结果如下：

```
root:x:0:0:root:/root:/bin/bash
bin:x:1:1:bin:/bin:/sbin/nologin
adm:x:3:4:adm:/var/adm:/sbin/nologin
lp:x:4:7:lp:/var/spool/lpd:/sbin/nologin
sync:x:5:-:sync:/sbin:/bin/sync
shutdown:x:6:0:shutdown:/sbin:/sbin/shutdown
halt:x:7:0:halt:/sbin:/sbin/halt
mail:x:8:12:mail:/var/spool/mail:/sbin/nologin
operator:x:11:0:operator:/alice:/sbin/nologin
```

接下来使用正则表达式删除 root 的行，具体如下所示。

```
[root@tianyun ~]# sed -r '/root/d' passwd
```

执行结果如下：

```
bin:x:1:1:bin:/bin:/sbin/nologin
daemon:x:2:2:daemon:/sbin:/sbin/nologin
adm:x:3:4:adm:/var/adm:/sbin/nologin
lp:x:4:7:lp:/var/spool/lpd:/sbin/nologin
sync:x:5:-:sync:/sbin:/bin/sync
shutdown:x:6:0:shutdown:/sbin:/sbin/shutdown
halt:x:7:0:halt:/sbin:/sbin/halt
mail:x:8:12:mail:/var/spool/mail:/sbin/nologin
operator:x:11:0:operator:/alice:/sbin/nologin
```

从 root 的行开始删除到第 5 行。

```
[root@tianyun ~]# sed -r '/root/,5d' passwd
sync:x:5:-:sync:/sbin:/bin/sync
shutdown:x:6:0:shutdown:/sbin:/sbin/shutdown
halt:x:7:0:halt:/sbin:/sbin/halt
mail:x:8:12:mail:/var/spool/mail:/sbin/nologin
```

以 bin 开头的行删除到第 5 行。

```
[root@tianyun ~]# cat -n passwd
```

执行结果如下：

```
 1  root:x:0:0:root:/root:/bin/bash
 2  bin:x:1:1:bin:/bin:/sbin/nologin
 3  daemon:x:2:2:daemon:/sbin::/sbin/nologin
 4  adm:x:3:4:adm:/var/adm:/sbin/nologin
 5  lp:x:4:7:lp:/var/spool/lpd:/sbin/nologin
 6  sync:x:5:0:sync:/sbin:/bin/sync
 7  shutdown:x:6:0:shutdown:/sbin::/sbin/shutdown
 8  halt:x:7:0:halt:/sbin:/sbin/halt
 9  mail:x:8:12:mail:/var/spool/mail:/sbin/nolgin
10:operator:x:11:0:operator:/root:/sbin/nologin
[root@tianyun ~]# sed -r '/^bin/,5d' passwd
root:x:0:0:root:/root:/bin/bash
sync:x:5:-:sync:/sbin:/bin/sync
shutdown:x:6:0:shutdown:/sbin::/sbin/shutdown
halt:x:7:0:halt:/sbin:/sbin/halt
mail:x:8:12:mail:/var/spool/mail:/sbin/nologin
operator:x:11:0:operator:/alice:/sbin/nologin
```

以 bin 开头，从 root 开始再加 5 行删除。

```
[root@tianyun ~]# cat -n passwd
```

执行结果如下：

```
 1  root:x:0:0:root:/root:/bin/bash
 2  bin:x:1:1:bin:/bin:/sbin/nologin
 3  daemon:x:2:2:daemon:/sbin::/sbin/nologin
 4  adm:x:3:4:adm:/var/adm:/sbin/nologin
 5  lp:x:4:7:lp:/var/spool/lpd:/sbin/nologin
 6  sync:x:5:0:sync:/sbin:/bin/sync
 7  shutdown:x:6:0:shutdown:/sbin::/sbin/shutdown
 8  halt:x:7:0:halt:/sbin:/sbin/halt
 9  mail:x:8:12:mail:/var/spool/mail:/sbin/nolgin
10:operator:x:11:0:operator:/root:/sbin/nologin
[root@tianyun ~]# sed -r '/^bin/,+5d' passwd
root:x:0:0:root:/root:/bin/bash
halt:x:7:0:halt:/sbin:/sbin/halt
mail:x:8:12:mail:/var/spool/mail:/sbin/nologin
operator:x:11:0:operator:/alice:/sbin/nologin
```

加上 "！" 表示 "非，除了" 的意思，以下代码表示除 root 外的其他行都删除，具体如下所示。

```
[root@qfedu ~]# sed -r '/root/!d' passwd
root:x:0:0:root:/root:/bin/bash
operator:x:11:0:operator:/root:/sbin/nologin
```

例 7-7　删除所有奇数行，从第 1 行开始每隔 2 行删除。

```
[root@tianyun ~]# cat -n passwd
```

执行结果如下：

```
1 root:x:0:0:root:/root:/bin/bash
2 bin:x:1:1:bin:/bin:/sbin/nologin
3 daemon:x:2:2:daemon:/sbin:/sbin/nologin
4 adm:x:3:4:adm:/var/adm:/sbin/nologin
5 lp:x:4:7:lp:/var/spool/lpd:/sbin/nologin
6 sync:x:5:0:sync:/sbin:/bin/sync
7 shutdown:x:6:0:shutdown:/sbin:/sbin/shutdown
8 halt:x:7:0:halt:/sbin:/sbin/halt
9 mail:x:8:12:mail:/var/spool/mail:/sbin/nologin
10 operator:x:11:0:operator:/root:/sbin/nologin
[root@qfedu ~]# sed -r '1~2d' passwd
bin:x:1:1:bin:/bin:/sbin/nologin
adm:x:3:4:adm:/var/adm:/sbin/nologin
sync:x:5:0:sync:/sbin:/bin/sync
halt:x:7:0:halt:/sbin:/sbin/halt
operator:x:11:0:operator:/root:/sbin/nologin
```

以下是删除所有偶数行，也是每隔 2 行进行删除。

```
[root@tianyun ~]# cat -n passwd
```

执行结果如下：

```
1 root:x:0:0:root:/root:/bin/bash
2 bin:x:1:1:bin:/bin:/sbin/nologin
3 daemon:x:2:2:daemon:/sbin:/sbin/nologin
4 adm:x:3:4:adm:/var/adm:/sbin/nologin
5 lp:x:4:7:lp:/var/spool/lpd:/sbin/nologin
6 sync:x:5:0:sync:/sbin:/bin/sync
7 shutdown:x:6:0:shutdown:/sbin:/sbin/shutdown
8 halt:x:7:0:halt:/sbin:/sbin/halt
9 mail:x:8:12:mail:/var/spool/mail:/sbin/nologin
10 operator:x:11:0:operator:/root:/sbin/nologin
[root@tianyun ~]# sed -r '0~2d' passwd
root:x:0:0:root:/root:/bin/bash
daemon:x:2:2:daemon:/sbin:/sbin/nologin
lp:x:4:7:lp:/var/spool/lpd:/sbin/nologin
shutdown:x:6:0:shutdown:/sbin:/sbin/shutdown
 mail:x:8:12:mail:/var/spool/mail:/sbin/nologin
```

例 7-8　在指定行前面加#号。

```
[root@tianyun ~]# sed -r '1,5s/(.*)/#\1/' passwd
```

执行结果如下：

```
#root:x:0:0:root:/root:/bin/bash
#bin:x:1:1:bin:/bin:/sbin/nologin
```

```
#daemon:x:2:2:daemon:/sbin:/sbin/nologin
#adm:x:3:4:adm:/var/adm:/sbin/nologin
#lp:x:4:7:lp:/var/spool/lpd:/sbin/nologin
sync:x:5:0:sync:/sbin:/bin/sync
shutdown:x:6:0:shutdown:/sbin:/sbin/shutdown
halt:x:7:0:halt:/sbin:/sbin/halt
mail:x:8:12:mail:/var/spool/mail:/sbin/nologin
operator:x:11:0:operator:/root:/sbin/nologin
```

以 passwd 文件在每一行的第二个字母前加 YYY，具体如下所示。

```
[root@tianyun ~]# cat passwd
root:x:0:0:root:/root:/bin/bash
bin:x:1:1:bin:/bin:/sbin/nologin
daemon:x:2:2:daemon:/sbin:/sbin/nologin
adm:x:3:4:adm:/var/adm:/sbin/nologin
lp:x:4:7:lp:/var/spool/lpd:/sbin/nologin
sync:x:5:0:sync:/sbin:/bin/sync
shutdown:x:6:0:shutdown:/sbin:/sbin/shutdown
halt:x:7:0:halt:/sbin:/sbin/halt
mail:x:8:12:mail:/var/spool/mail:/sbin/nologin
operator:x:11:0:operator:/root:/sbin/nologin
[root@tianyun ~]# sed -r 's/(.)(.)(.*)/\1YYY\2\3/' passwd
```

执行结果如下：

```
rYYYoot:x:0:0:root:/root:/bin/bash
bYYYin:x:1:1:bin:/bin:/sbin/nologin
dYYYaemon:x:2:2:daemon:/sbin:/sbin/nologin
aYYYdm:x:3:4:adm:/var/adm:/sbin/nologin
lYYYp:x:4:7:lp:/var/spool/lpd:/sbin/nologin
sYYYync:x:5:0:sync:/sbin:/bin/sync
sYYYhutdown:x:6:0:shutdown:/sbin:/sbin/shutdown
hYYYalt:x:7:0:halt:/sbin:/sbin/halt
mYYYail:x:8:12:mail:/var/spool/mail:/sbin/nologin
oYYYperator:x:11:0:operator:/root:/sbin/nologin
```

例 7-9　写入保存命令 w，表示将模式空间的内容写到文件 file 中。把带 root 的行保存到 /tmp/1.txt 文件中，具体如下所示。

```
[root@tianyun ~]# sed -r '/root/w /tmp/1.txt' passwd
```

执行结果如下：

```
root:x:0:0:root:/root:/bin/bash
bin:x:1:1:bin:/bin:/sbin/nologin
daemon:x:2:2:daemon:/sbin:/sbin/nologin
adm:x:3:4:adm:/var/adm:/sbin/nologin
lp:x:4:7:lp:/var/spool/lpd:/sbin/nologin
sync:x:5:0:sync:/sbin:/bin/sync
```

```
shutdown:x:6:0:shutdown:/sbin:/sbin/shutdown
halt:x:7:0:halt:/sbin:/sbin/halt
mail:x:8:12:mail:/var/spool/mail:/sbin/nologin
operator:x:11:0:operator:/root:/sbin/nologin
[root@tianyun ~]# cat /tmp/1.txt
root:x:0:0:root:/root:/bin/bash
operator:x:11:0:operator:/root:/sbin/nologin
```

例 7-10 追加命令"a"，a 后面的内容追加到一个文件中，具体如下所示。

```
[root@tianyun ~]# sed -r '2a\111111111' passwd
```

执行结果如下：

```
root:x:0:0:root:/root:/bin/bash
bin:x:1:1:bin:/bin:/sbin/nologin
111111111
daemon:x:2:2:daemon:/sbin:/sbin/nologin
adm:x:3:4:adm:/var/adm:/sbin/nologin
lp:x:4:7:lp:/var/spool/lpd:/sbin/nologin
sync:x:5:0:sync:/sbin:/bin/sync
shutdown:x:6:0:shutdown:/sbin:/sbin/shutdown
halt:x:7:0:halt:/sbin:/sbin/halt
mail:x:8:12:mail:/var/spool/mail:/sbin/nologin
operator:x:11:0:operator:/root:/sbin/nologin
```

命令"i"表示在前面插入，具体如下所示。

```
[root@tianyun ~]# sed -r '2i111111111111' passwd
```

执行结果如下：

```
root:x:0:0:root:/root:/bin/bash
111111111
bin:x:1:1:bin:/bin:/sbin/nologin
daemon:x:2:2:daemon:/sbin:/sbin/nologin
adm:x:3:4:adm:/var/adm:/sbin/nologin
lp:x:4:7:lp:/var/spool/lpd:/sbin/nologin
sync:x:5:0:sync:/sbin:/bin/sync
shutdown:x:6:0:shutdown:/sbin:/sbin/shutdown
halt:x:7:0:halt:/sbin:/sbin/halt
mail:x:8:12:mail:/var/spool/mail:/sbin/nologin
operator:x:11:0:operator:/root:/sbin/nologin
```

例 7-11 sed 命令中选项"n"，表示获取下一行命令。搜索 adm 的下一行，把 sbin 替换成 uuu。

```
[root@tianyun ~]# sed -r '/adm/{n;s/sbin/uuu/}' passwd
```

执行结果如下：

```
root:x:0:0:root:/root:/bin/bash
bin:x:1:1:bin:/bin:/sbin/nologin
daemon:x:2:2:daemon:/sbin:/sbin/nologin
adm:x:3:4:adm:/var/adm:/sbin/nologin
lp:x:4:7:lp:/var/spool/lpd:/uuu/nologin
sync:x:5:0:sync:/sbin:/bin/sync
shutdown:x:6:0:shutdown:/sbin:/sbin/shutdown
halt:x:7:0:halt:/sbin:/sbin/halt
mail:x:8:12:mail:/var/spool/mail:/sbin/nologin
operator:x:11:0:operator:/root:/sbin/nologin
```

7.6 本章小结

本章重点讲解了 sed 语法、sed 工作原理、sed 的用法以及 sed 支持正则表达式的用法，这些操作在实际环境中的经常使用，读者应灵活掌握。本章最后讲解了 sed 实战案例，读者需要仔细体会 sed 命令的巧妙使用。

7.7 习题

1. 填空题

（1）sed 全称为_____，是基于_____。

（2）sed 的工作原理为_____。

（3）sed 有两个内存缓冲区分别叫作_____、_____。

（4）sed 语法格式为_____。

（5）sed 支持正则表达式，其中基本元字符集为_____。

2. 选择题

（1）sed 命令选项中取消默认打印的是（　　）。

    A．-n   B．-e   C．-f   D．-h

（2）sed 命令选项中支持正则表达式的是（　　）命令可以让用户快速查找到所需要的文件或目录。

    A．-e   B．-r   C．-I   D．-h

（3）对文本操作后加内容的命令为（　　）。

    A．c\   B．b\   C．a\   D．d\

（4）用字符串 string1 替换字符串 string2 命令为（　　）。

    A．p/string1/sting2   B．p/string2/string1

C．s/string2/string1　　　　　　　　D．s/string1/string2

（5）行内全面替换的命令为（　　）。

A．x　　　　　　B．g　　　　　　C．y　　　　　　D．q

3．简答题

（1）简述 sed 工作流程。

（2）文本文件 12345.txt 内容为：

```
[root@tianyun ~]# cat 12345.txt
1
2
3
4
5
```

用 sed 命令将文本文件 12345.txt 写成倒序。

第8章　awk文本处理工具

本章学习目标

- 熟悉 awk 及其工作原理
- 熟悉 awk 语法格式
- 熟悉 awk 内部变量
- 掌握 awk 模式详解
- 掌握 awk 流程控制
- 掌握 awk 脚本编程实战

awk 用于在 Linux/UNIX 下处理文本和数据。数据可以来自标准输入、一个或多个文件，或其他命令的输出。它支持用户自定义函数和动态正则表达式等，是 Linux/UNIX 下一个强大的文本分析、编程工具，相对于 grep 的查找、sed 的编辑、awk 尤为擅长数据分析及生成报告。awk 一般在命令行中使用，但更多是作为脚本来使用。awk 有很多内建的功能，如数组、函数等。本章针对 awk 文本处理工具展开介绍。

8.1　awk 简介

awk 被称为文本处理三剑客之一，三个字母分别代表其创建者姓氏的第一个字母。因为它的创建者是三个人，分别是 Alfred Aho、Peter Weinberger、Brian Kernighan。awk 拥有自己的语言——awk 程序设计语言，三位创建者已将它正式定义为"样式扫描和处理语言"。awk 是一种报表生成器，对文件内容进行各种"排版"操作。它允许您创建简短的程序，这些程序的功能包括读入输入文件、数据排序、处理数据、对输入执行计算以及生成报表等。通过 man awk 可以获取相关功能说明。awk 是一种过程式编程语言或脚本语言解释器，支持条件判断、数组、循环等功能。

8.2　awk 工作流程

awk 的处理文本和数据的流程方式如下：它逐行扫描文件，从第一行到最后一行，寻找匹配的特定模式的行，并在这些行上进行你想要的操作。如果没有指定处理动作，则把匹配的行显示到标准输出（屏幕）；如果没有指定模式，则所有被操作所指定的行都被处理。

awk 有两个特殊的模式：BEGIN 和 END，它们分别放置在没有读取任何数据之前及在所有的数据读取完成以后执行。

awk 工作的整体流程如图 8.1 所示。从图 8.1 中可以看出，在读取文件内容前，BEGIN 后面的指令将被执行；然后读取文件内容并判断是否与特定的模式匹配，如果匹配，则执行正常模式后面的指令；最后执行 END 模式命令，并输出文档处理后的结果。

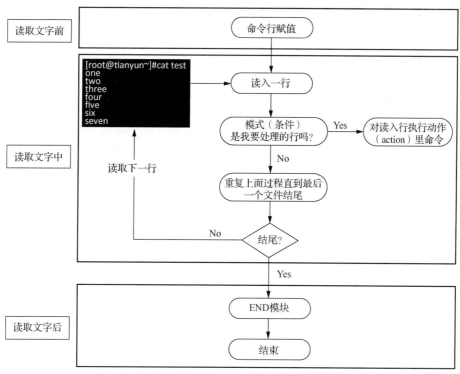

图 8.1　awk 工作流程

8.3　awk 工作原理

awk 格式为：

```
awk 'BEGIN{commands} pattern {commands} END {commands}'
```

BEGIN 语句块在 awk 开始从输入流中读取之前被执行，这是一个可选的语句块，如变量初始化、打印输出表格的表头等情况。

END 语句块在 awk 在处理完所有的文本之后（如打印所有行后）被执行。对所有行的数据进行分析，之后打印出分析结果这类操作，都可以在 END 语句块中完成。它也是一个可选语句块。

pattern 语句块中的通用命令是最重要的部分，它也是可选的。如果没有提供 pattern 语句块，则默认执行{print}，即打印读取的每一行，awk 读取的每一行都会执行该语句块。

其步骤如下：

第一步：执行 BEGIN{commands}语句块中的语句；

第二步：从文件或标准输入（stdin）读取一行，然后执行 pattern{commands}语句块，它逐行扫描文件，从第一行至最后一行；

第三步：当读至输入流末尾时，执行 END{commands}语句块。

8.4　awk 语法格式

8.4.1　awk 基本语法格式

awk 基本语法格式如下：

```
awk 'pattern' filename
```

或：

```
awk '{action}' filename
```

或：

```
awk 'pattern {action}' filename
```

awk 命令选项如表 8.1 所示。

表 8.1　　　　　　　　　　　　　　　awk 命令选项

命令选项	描述
-F	指定作为输入行的分隔符，默认分隔符为空格或 Tab 键
-v	定义变量 var=value
' '	引用代码块
-f	-f scriptfile or -file scriptfile，从脚本文件中读取 awk 命令
BEGIN	初始化代码块。在对每一行进行处理之前，初始化代码，主要是引用全局变量，设置 FS 分隔符
//	匹配代码块。可以是字符串或正则表达式
{}	命令代码块。包含一条或多条命令，多条命令使用分号分隔
END	结尾代码块，在对每一行进行处理之后再执行的代码块，主要是进行最终计算或输出结尾摘要信息

8.4.2　awk 语法选项实例

awk 语法选项在工作场景中使用颇多。使用方法也有很多，下面通过几个简单的案例来展示一下 awk 的常用方法。

例 8-1　文件/etc/passwd 中匹配 root 的行。

```
[root@tianyun ~]# cat  /etc/passwd
root:x:0:0:root:/root:/bin/bash
bin:x:1:1:bin:/bin:/sbin/nologin
daemon:x:2:2:daemon:/sbin:/sbin/nologin
adm:x:3:4:adm:/var/adm:/sbin/nologin
lp:x:4:7:lp:/var/spool/lpd:/sbin/nologin
sync:x:5:0:sync:/sbin:/bin/sync
shutdown:x:6:0:shutdown:/sbin:/sbin/shutdown
halt:x:7:0:halt:/sbin:/sbin/halt
mail:x:8:12:mail:/var/spool/mail:/sbin/nologin
operator:x:11:0:operator:/root:/sbin/nologin
[root@tianyun ~]# awk '/root/'  /etc/passwd
```

执行结果如下：

```
root:x:0:0:root:/root:/bin/bash
operator:x:11:0:operator:/root:/sbin/nologin
```

例 8-2　文件/etc/passwd 打印满足条件行的第一个字段和第三个字段。

```
[root@tianyun ~]# cat  /etc/passwd
root:x:0:0:root:/root:/bin/bash
bin:x:1:1:bin:/bin:/sbin/nologin
daemon:x:2:2:daemon:/sbin:/sbin/nologin
adm:x:3:4:adm:/var/adm:/sbin/nologin
lp:x:4:7:lp:/var/spool/lpd:/sbin/nologin
sync:x:5:0:sync:/sbin:/bin/sync
shutdown:x:6:0:shutdown:/sbin:/sbin/shutdown
halt:x:7:0:halt:/sbin:/sbin/halt
mail:x:8:12:mail:/var/spool/mail:/sbin/nologin
operator:x:11:0:operator:/root:/sbin/nologin
[root@tianyun ~]# awk -F":"  '{print $1,$3}' /etc/passwd
```

执行结果如下：

```
root 0
operator 11
```

例 8-3　awk 打印出 "hello,awk" 字符串。

```
[root@tianyun ~]# echo 123 |awk '{print "hello,awk"}'
```

执行结果如下：

```
hello,awk
```

例 8-4　对文件/etc/passwd 逐行处理。

```
[root@tianyun ~]# awk '{print $0}' /etc/passwd
```

```
root:x:0:0:root:/root:/bin/bash
bin:x:1:1:bin:/bin:/sbin/nologin
daemon:x:2:2:daemon:/sbin:/sbin/nologin
adm:x:3:4:adm:/var/adm:/sbin/nologin
lp:x:4:7:lp:/var/spool/lpd:/sbin/nologin
sync:x:5:0:sync:/sbin:/bin/sync
shutdown:x:6:0:shutdown:/sbin:/sbin/shutdown
halt:x:7:0:halt:/sbin:/sbin/halt
mail:x:8:12:mail:/var/spool/mail:/sbin/nologin
operator:x:11:0:operator:/root:/sbin/nologin
[root@tianyun ~]# awk '{print "hi"}' /etc/passwd
```

执行结果如下：

```
hi
hi
hi
hi
hi
hi
hi
hi
hi
```

当在指定/etc/passwd 作为输出文件时，awk 就会依次读/etc/passwd 中的每一行执行 print 命令。awk 用法如图 8.2 所示。

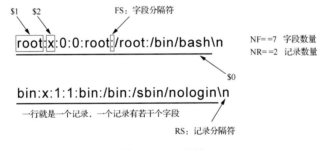

图 8.2　awk 用法

awk 读入有\n 换行符分割的一条记录，然后将记录按指定的分隔符划分域，$0 则表示所有域，$1 表示第一个域，$n 表示第 n 个域。默认分隔符是"空格键"或"tab"键。因此，上例中$1 表示登录用户，$3 表示登录用户 ID，以此类推。

```
[root@tianyun ~]# awk -F: '{print $1,$3}' /etc/passwd
```

其步骤解释为：

（1）awk 使用一行作为输入，并将这一行赋给变量$0，每一行也可称为一个记录，以换行符结束。

（2）然后，行被":"（默认为空格或制表符）分解成字段（或域），每个字段放在已编号的变量中，从$1 开始，最多可达 100 个字段。

（3）其中，awk 使用空格来分隔字段，变量 FS 来确定字段分隔符。初始时，FS 默认为空格。

（4）awk 打印字段时，将使用 print 打印，并以空格隔开，注意$1 和$3 之间有一个逗号，称为输出字段分隔符 OFS，OFS 默认为空格。

awk 输出之后，将从文件中获取另一行，并将其放在$0 中，覆盖原来的内容；再将新的字符串分隔成字段并进行处理，这一过程将持续到所有行处理完毕。具体如下所示。

例 8-5　打印/etc/passwd 下所有的用户名。

```
[root@tianyun ~]# awk -F: '{print $1}' /etc/passwd
```

执行结果如下：

```
root
bin
daemon
adm
lp
sync
shutdown
halt
mail
operator
```

例 8-6　打印/etc/passwd 下所有的用户名及 UID。

```
[root@tianyun ~]# awk -F: '{print $1,$3}' /etc/passwd
```

执行结果如下：

```
root 0
bin 1
daemon 2
adm 3
lp 4
sync 5
shutdown 6
halt 7
mail 8
operator 11
```

以 username:×××　uid:×××格式输出。

```
[root@tianyun ~]# awk -F":" '{print "username:"$1" \t\tuid: "$3}' /etc/passwd
```

执行结果如下：

```
username: root    uid: 0
username: bin    uid:
    username: daemon uid: 2
username: adm     uid:3
username: lp        uid: 4
username: sync    uid: 5
    username:shutdown uid: 6
username: halt    uid: 7
username: mail    uid: 8
username: operator    uid: 12
```

例 8-7 取出大于 35% 的磁盘利用率。

```
[root@tianyun ~]# df -P |grep '/'
```

执行结果如下:

```
/dev/mapper/cl-root    2921994244    255430908    2666563336    9%
devtmpfs              24709228      0            24709228      0%
tmpfs                 24724820      20           24724800      1%
tmpfs                 24724820      607788       24117032      3%
tmpfs                 24724820      0            24724820      0%
/dev/sda2             1038336       198024       840312        20%
tmpfs                 4944964       0            4944964       0%
tmpfs                 4944964       0            4944964       0%
[root@tianyun ~]# df -P | awk '+$5>35 {print $5}'
67%
81%
```

通常情况下，对于每个代码输入而言，awk 都会执行一次。然而，在某些编写代码的情况下，可能需要在 awk 开始处理输入文件中的文本之前执行初始化代码。在这种情况下，awk 允许用户定义一个 BEGIN 模块。

因为 awk 在开始处理输入文件之前会执行 BEGIN 模块，因此，它是初始化 FS（字段分隔符）变量、初始化在程序中以后会引用的全局变量。awk 还提供了另一个特殊模块，叫作 END 模块。awk 在处理输入文件中的所有行之后执行这个模块。通常，END 模块用于执行最终计算或打印结尾的摘要信息。

例 8-8 统计 /etc/passwd 的账户人数脚本。

```
[root@tianyun ~]# awk '{count++;print $0;} END{print "user count is ", count}' /etc/passwd
```

执行结果如下:

```
root:x:0:0:root:/root:/bin/bash
bin:x:1:1:bin:/bin:/sbin/nologin
daemon:x:2:2:daemon:/sbin:/sbin/nologin
adm:x:3:4:adm:/var/adm:/sbin/nologin
lp:x:4:7:lp:/var/spool/lpd:/sbin/nologin
```

```
sync:x:5:0:sync:/sbin:/bin/sync
shutdown:x:6:0:shutdown:/sbin:/sbin/shutdown
halt:x:7:0:halt:/sbin:/sbin/halt
mail:x:8:12:mail:/var/spool/mail:/sbin/nologin
operator:x:11:0:operator:/root:/sbin/nologin
-------------------------------------------
user count is 27
```

8.5　awk 内置变量

awk 优于 grep 和 sed 的主要原因是支持对记录和字段的处理。通常情况下，awk 将文本文件中的一行当作一个记录，而将一行中某些记录中当作一个字段。为了操作这些不同的字段，用$1,$2,$3…这样的方式按照一定的顺序表示行（记录）中的不同字段。特殊地，awk 用$0 表示整个行（记录）。系统默认是用空格作为不同的字段之间的分隔符，awk 在命令行中使用-F 的形式来改变这个分隔符。事实上，awk 是使用一个内置的变量 RS 来记录这个分隔符的。awk 中还有很多这样的内置变量，如记录分隔符变量 RS、当前工作的记录数 NR 等。

awk 提供了有很多内置变量，了解这些内置变量是很重要的。awk 内置变量如表 8.2 所示。这些内置的变量在使用 awk 工具时可以被修改或者引用，比如说，可以使用 NR 这个内置变量改变模式匹配中指定工作范围，也可以通过修改记录的分隔符 RS 让一个特殊字符作为记录的分隔符，而不是换行符。例如，显示/etc/passwd 文本文件中第七行到第十五行中以字符":"分隔的第一字段、第三字段和第七字段，代码表示如下。

```
[root@tianyun ~]# awk -F: 'NR>=7,NR<=15{print $1 $3 $7}' /etc/passwd
```

表 8.2　awk 内置变量

变量	描述
FILENAME	awk 浏览的文件名
FNR	与 NR 类似，不过多文件记录不递增，每个文件都从 1 开始
FS	设置输入字段分隔符，同-F 选项
NF	浏览记录的字段个数。例如，awk '{print NF}' file 表示显示每行有多少字段
$NF	最后一个字段的值。例如，awk '{print $NF}' file 表示将每行第 NF 个字段的值打印出来
NR	已读的记录数，理解为行号，多文件行号递增。例如，awk 'NR==5{print} file' 表示显示第 5 行
OFS	输出数据时，每个字段间以 OFS 制定的字符作为分隔符。例如，awk '{print $3,$5,$4}' OFS="\n" file
ORS	输出数据时，每行记录间以 OFS 制定的字符作为分隔符。例如，awk '{print $3,$5,$4}' ORS="\n" file
\$n	当前记录的第 n 个字段，字段间由 FS 分隔
\$0	完整的输入记录
ARGC	命令行参数的数目
ARGIND	命令行中当前文件的位置（从 0 开始算）
ARGV	包含命令行参数的数组

变量	描述
CONVFMT	数字转换格式（默认值为%.6g）ENVIRON 环境变量关联数组
ERRNO	最后一个系统错误的描述
FIELDWIDTHS	字段宽度列表（用空格键分隔）
IGNORECASE	如果为真，则进行忽略大小写的匹配
OFMT	数字的输出格式（默认值是%.6g）
RLENGTH	由 match 函数所匹配的字符串的长度
RS	记录分隔符（默认值是一个换行符）
RSTART	由 match 函数所匹配的字符串的第一个位置
SUBSEP	数组下标分隔符（默认值是/034）

FIELDWIDTHS 以空格分隔的字段宽度，如果指定此变量，awk 将会用指定的宽度替换变量 FS 指定的分隔符，具体如下所示。

例 8-9　内置变量用法举例。

```
[root@tianyun ~]# cat test1
abcdefasfa
abcdefasfa
abcdefasfa
[root@tianyun ~]# awk 'BEGIN{FIELDWIDTHS="2 3 4"}{print $1,$2,$3}'  test1
```

执行结果如下：

```
ab cde fasf
ab cde fasf
ab cde fasf
```

FS 作为指定分隔符，同-F 选项，具体如下所示。

```
[root@tianyun ~]# cat  /etc/passwd
root:x:0:0:root:/root:/bin/bash
bin:x:1:1:bin:/bin:/sbin/nologin
daemon:x:2:2:daemon:/sbin:/sbin/nologin
adm:x:3:4:adm:/var/adm:/sbin/nologin
lp:x:4:7:lp:/var/spool/lpd:/sbin/nologin
sync:x:5:0:sync:/sbin:/bin/sync
shutdown:x:6:0:shutdown:/sbin:/sbin/shutdown
halt:x:7:0:halt:/sbin:/sbin/halt
mail:x:8:12:mail:/var/spool/mail:/sbin/nologin
operator:x:11:0:operator:/root:/sbin/nologin
[root@tianyun ~]# awk 'BEGIN{FS=":"}{print $1}' /etc/passwd
```

执行结果如下：

```
root
```

```
bin
daemon
adm
lp
sync
shutdown
halt
mail
operator
```

FS 作为输入分隔符，OFS 作为输出分隔符，具体如下所示。

```
[root@tianyun ~]# cat  /etc/passwd
root:x:0:0:root:/root:/bin/bash
bin:x:1:1:bin:/bin:/sbin/nologin
daemon:x:2:2:daemon:/sbin:/sbin/nologin
adm:x:3:4:adm:/var/adm:/sbin/nologin
lp:x:4:7:lp:/var/spool/lpd:/sbin/nologin
sync:x:5:0:sync:/sbin:/bin/sync
shutdown:x:6:0:shutdown:/sbin:/sbin/shutdown
halt:x:7:0:halt:/sbin:/sbin/halt
mail:x:8:12:mail:/var/spool/mail:/sbin/nologin
operator:x:11:0:operator:/root:/sbin/nologin
[root@tianyun ~]# awk 'BEGIN{FS=":";OFS="- - -"}{print $1,$2}' /etc/passwd
```

执行结果如下:

```
root - - -x
bin - - x
daemon - - -x
adm - - -x
lp - - -x
sync - - -x
shutdown - - -x
halt - - -x
mail - - -x
operator - - -x
```

$0 指的是整行记录，具体如下所示。

```
[root@tianyun ~]# awk -F: '{print $0}' /etc/passwd
```

执行结果如下:

```
root:x:0:0:root:/root:/bin/bash
bin:x:1:1:bin:/bin:/sbin/nologin
daemon:x:2:2:daemon:/sbin:/sbin/nologin
adm:x:3:4:adm:/var/adm:/sbin/nologin
lp:x:4:7:lp:/var/spool/lpd:/sbin/nologin
sync:x:5:0:sync:/sbin:/bin/sync
shutdown:x:6:0:shutdown:/sbin:/sbin/shutdown
```

```
halt:x:7:0:halt:/sbin:/sbin/halt
mail:x:8:12:mail:/var/spool/mail:/sbin/nologin
operator:x:11:0:operator:/root:/sbin/nologin
```

NR 指当前文件的总行号递增，具体如下所示。

```
[root@tianyun ~]# awk -F: '{print NR,$0}' /etc/passwd /etc/hosts
```

执行结果如下：

```
1 root:x:0:0:root:/root:/bin/bash
2 bin:x:1:1:bin:/bin:/sbin/nologin
3 daemon:x:2:2:daemon:/sbin:/sbin/nologin
4 adm:x:3:4:adm:/var/adm:/sbin/nologin
5 lp:x:4:7:lp:/var/spool/lpd:/sbin/nologin
6 sync:x:5:0:sync:/sbin:/bin/sync
7 shutdown:x:6:0:shutdown:/sbin:/sbin/shutdown
8 halt:x:7:0:halt:/sbin:/sbin/halt
9 mail:x:8:12:mail:/var/spool/mail:/sbin/nologin
10 operator:x:11:0:operator:/root:/sbin/nologin
11 127.0.0.1 localhost localhost.localdomain localhost4 localhost4.localdomain4
12 ::1        localhost localhost.localdomain localhost6 localhost6.localdomain6
13  192.168.122.47  www.ecshop.com  ecshop.com  www.wordpress.com  wordpress.com
www.discuz.top discus.top
```

FNR 指当前文件的行数不递增，具体如下所示。

```
1 root:x:0:0:root:/root:/bin/bash
2 bin:x:1:1:bin:/bin:/sbin/nologin
3 daemon:x:2:2:daemon:/sbin:/sbin/nologin
4 adm:x:3:4:adm:/var/adm:/sbin/nologin
5 lp:x:4:7:lp:/var/spool/lpd:/sbin/nologin
6 sync:x:5:0:sync:/sbin:/bin/sync
7 shutdown:x:6:0:shutdown:/sbin:/sbin/shutdown
8 halt:x:7:0:halt:/sbin:/sbin/halt
9 mail:x:8:12:mail:/var/spool/mail:/sbin/nologin
10 operator:x:11:0:operator:/root:/sbin/nologin
11 games:x:12:100:games:/usr/games:/sbin/nologin
12 ftp:x:14:50:FTP User:/var/ftp:/sbin/nologin
13 nobody:x:99:99:Nobody:/:/sbin/nologin
14 systemd-network:x:192:192:systemd Network Management:/:/sbin/nologin
15 dbus:x:81:81:System message bus:/:/sbin/nologin
16 polkitd:x:999:998:User for polkitd:/:/sbin/nologin
17 sshd:x:74:74:Privilege-separated SSH:/var/empty/sshd:/sbin/nologin
18 postfix:x:89:89::/var/spool/postfix:/sbin/nologin
19 chrony:x:998:996::/var/lib/chrony:/sbin/nologin
20 momenglin:x:1000:1000:momenglin:/home/momenglin:/bin/bash
```

执行结果如下：

```
1 127.0.0.1   localhost localhost.localdomain localhost4 localhost4.localdomain4
2 ::1         localhost localhost.localdomain localhost6 localhost6.localdomain6
```

NF 指浏览记录的字段个数，以冒号作为分隔符，记录字段的个数。具体如下所示。

```
[root@tianyun ~]# awk -F: '{print NR,$0,NF}' /etc/passwd /etc/hosts
```

执行结果如下：

```
1 root:x:0:0:root:/root:/bin/bash 7
2 bin:x:1:1:bin:/bin:/sbin/nologin 7
3 daemon:x:2:2:daemon:/sbin:/sbin/nologin 7
4 adm:x:3:4:adm:/var/adm:/sbin/nologin 7
5 lp:x:4:7:lp:/var/spool/lpd:/sbin/nologin 7
6 sync:x:5:0:sync:/sbin:/bin/sync 7
7 shutdown:x:6:0:shutdown:/sbin:/sbin/shutdown 7
8 halt:x:7:0:halt:/sbin:/sbin/halt 7
9 mail:x:8:12:mail:/var/spool/mail:/sbin/nologin 7
10 operator:x:11:0:operator:/root:/sbin/nologin 7
11 127.0.0.1   localhost localhost.localdomain localhost4 localhost4.localdomain4 1
12 ::1       localhost localhost.localdomain localhost6 localhost6.localdomain6 3
13  192.168.122.47  www.ecshop.com  ecshop.com  www.wordpress.com  wordpress.com
www.discuz.top
  discus.top 1
```

$NF 指最后一个字段的值，具体如下所示。

```
[root@tianyun ~]# awk -F: '{print NR,$0,NF,$NF}' /etc/passwd /etc/hosts
```

执行结果如下：

```
1 root:x:0:0:root:/root:/bin/bash 7 /bin/bash
2 bin:x:1:1:bin:/bin:/sbin/nologin 7 /sbin/nologin
3 daemon:x:2:2:daemon:/sbin:/sbin/nologin 7 /sbin/nologin
4 adm:x:3:4:adm:/var/adm:/sbin/nologin 7 /sbin/nologin
5 lp:x:4:7:lp:/var/spool/lpd:/sbin/nologin 7 /sbin/nologin
6 sync:x:5:0:sync:/sbin:/bin/sync 7 /bin/sync
7 shutdown:x:6:0:shutdown:/sbin:/sbin/shutdown 7 /sbin/shutdown
8 halt:x:7:0:halt:/sbin:/sbin/halt 7 /sbin/halt
9 mail:x:8:12:mail:/var/spool/mail:/sbin/nologin 7 /sbin/nologin
10 operator:x:11:0:operator:/root:/sbin/nologin 7 /sbin/nologin
11 127.0.0.1  localhost localhost.localdomain localhost4 localhost4.localdomain4 1
127.0.0.1 localhost localhost.localdomain localhost4 localhost4.localdomain4
12 ::1       localhost localhost.localdomain localhost6 localhost6.localdomain6 3 1
localhost localhost.localdomain localhost6 localhost6.localdomain6
13  192.168.122.47  www.ecshop.com  ecshop.com  www.wordpress.com  wordpress.com
www.discuz.top discus.top 1 192.168.122.47 www.ecshop.com ecshop.com www.wordpress.com
wordpress.com www.discuz.top discus.top
```

RS 记录分隔符（默认是一个换行符），以空格作为分隔符，具体如下所示。

```
[root@tianyun ~]# awk -F":" 'BEGIN{RS=" "}{print $0}' /etc/passwd
```

执行结果如下：

```
root:x:0:0:root:/root:/bin/bash
```

```
bin:x:1:1:bin:/bin:/sbin/nologin
daemon:x:2:2:daemon::/sbin:/sbin/nologin
adm:x:3:4:adm:/var/adm:/sbin/nologin
lp:x:4:7:lp:/var/spool/lpd:/sbin/nologin
sync:x:5:0:sync:/sbin::/bin/sync
 shutdown:x:6:0:shutdown:/sbin:/sbin/shutdown
halt:x:7:0:halt:/sbin:/sbin/halt
mail:x:8:12:mail:/var/spool/mail:/sbin/nologin
operator:x:11:0:operator:/root:/sbin/nologin
[root@tianyun ~]# cat c.txt
111  222  333  444:555:666
[root@tianyun ~]# awk -F: '{print $0}'c.txt
111  222  333  444:555:666
[root@tianyun ~]# awk -F: 'BEGIN{RS=" "}{print $0}' c.txt
111
222
333
444:555:666
```

ORS 输出数据时，默认输出一条记录的分隔符。以空格作为分隔符，将文件每一行合并为一行，具体如下所示。

```
[root@tianyun ~]# awk -F: 'BEGIN{ORS=" "}{print $0}' /etc/passwd
```

执行结果如下：

```
root:x:0:0:root:/root:/bin/bash  bin:x:1:1:bin:/bin:/sbin/nologin  daemon:x:2:2:
daemon:/sbin:/sbin:/sbin/nologin    adm:x:3:4:adm:/var/adm:/sbin/nologin    lp:x:4:7:
lp:/var/spool/lpd:/sbin/nologin  sync:x:5:0:sync:/sbin:/bin/sync  shutdown:x:6:shutdown:
/sbin:/sbin/shutdown   halt:x:7:0:halt:/sbin:/sbin/halt   mail:x:8:12:mail:/var/spool/
mail:/sbin/nologin   operator:x:11:0:operator:/root:/sbin/nologin   [root@]tianyun ~ ]
#
```

8.6　awk 模式

awk 允许使用多种运算，如+、-、*、/、%等，同时，awk 也有++、--、+=、-=、=+、=- 类似的运算功能，这些运算功能使编写 awk 程序更加便捷。另外，awk 还提供了部分内置的运算函数（如 log、spr、sin、cos 等）以及一些用于对字符串进行运算操作的函数（如 length、substr 等）。这些函数的引用增强了 awk 的运算功能。

awk 支持多种关系判断，如常用的==（等于）、!=（不等于）、>（大于）、>=（大于等于）、<=（小于等于）等；同时，awk 用作样式匹配时，还提供了~（匹配于）和! ~（不匹配于）判断；awk 还允许使用!（非）、&&（与）、||（或）和括号()等逻辑运算符进行多重判断，这增强了 awk 的功能。表 8.3 为常见的运算符和描述。

表 8.3   常见的运算符和描述

运算符	描述
=	等于，精确比较。例如，awk '$3= ="48" {print $0}' file 表示只打印第 3 个字段等于 "48"的记录
! =	不等于，精确比较。例如，awk '$1 !="abc" file' 表示提取第一个字段不是 abc 的行
~	匹配，与= =相比不是精确比较。例如，awk '{if ($4 ~ /abc/)print $0}' file 表示如果第四个字段包含 abc，就打印整行
! ~	不匹配，不精确比较。例如，awk '$0 ! ~ /abc/' file 表示打印整条不包含 abc 的记录
&&	和。例如，awk '{if ($1= ="a" && $2= ="b") print $0}' file 表示第 1、第 2 个字段值是 a 和 b，打印整行
||	或。例如，awk '{if ($1= ="a" || $1= ="b") print $0}' temp 表示如果第 1、第 2 个字段值是 a 或 b，打印整行
>	大于。例如，awk '$1>500 {print $2}' file 表示如果字段 1 的值大于 500，则打印字段 2
>=	大于等于。例如，awk '$1>=400 {print $2}' file 表示如果字段 1 的值大于等于 400，则打印字段 2
<	小于。例如，awk '$1<200{print $2}' file 表示如果字段 1 的值小于 200，则打印字段 2
<=	小于等于。例如，awk '$1<=100 {print $2}' file 表示如果字段 1 的值小于等于 100，则打印字段 2
+	加。例如，awk '{print $3+10}' file 表示字段 3 数值加 10
−	减。例如，awk '{print $3-10}' file 表示字段 3 数值减 10
*	乘。例如，awk '{print $3*10}' file 表示字段 3 数值乘 10
/	除。例如，awk '{print $3/10}' file 表示字段 3 数值除 10

表 8.4 为 awk 正则匹配元字符和描述。

表 8.4   awk 正则匹配元字符和描述

元字符	描述
^	行首定位符。例如，/^root/ 表示匹配所有以 root 开头的行
$	行尾定位符。例如，/root$/ 表示匹配所有以 root 结尾的行
.	匹配任意单个字符。例如，/r..t 表示字段 3 数值减 10
*	匹配 0 个或多个前导字符（包括回车）。例如，/a*ool/ 表示匹配 0 个或多个 a 之后紧跟着 ool 的行，比如 ool.aaaaool 等
+	匹配 1 个或多个前导字符。例如，/a+b/ 表示匹配 1 个或多个 a 加 b 的行，如 ab,aab 等
?	匹配 0 个或 1 个前导字符。例如，/a?b/ 表示匹配 b 或 ab 的行
[]	匹配指定字符组内的任意一个字符。例如，/^[abc] 表示以字母 a 或 b 或 c 开头的行
[^]	匹配不在指定字符组内任意一个字符。例如，/^[^abc] 表示匹配不以字母 a 或 b 或 c 开头的行
()	子表达式组合。例如，/(root)+/ 表示一个或多个 root 组合，当有一些字符需要组合时，使用括号括起来
|	或者的意思。例如，/(root)|B/ 表示匹配 root 或 B 的行
\	转义字符。例如，/a\/\// 表示匹配 a//
~ ,! ~	匹配，不匹配的条件语句。例如，$1 ~ /root/表示匹配第一个字段包含字符 root 的所有记录
x{m} x{m,} x{m,n}	x 重复 m 次，x 重复至少 m 次，x 重复至少 m 次但不超过 n 次，需要指定参数-posix 或者—re-interval，没有该参数不能使用该模式。例如，/(root){3}/、/(root){3}/、/(root){5,6}/。需要注意一点的是，root 加括号和不加括号的区别，x 可以表示字符串也可以是一个字符，所以/root\{5\}/表示匹配 roo 再加上 5 个 t，即 rootttttt，/\(root\)\{2,\}/则表示匹配 rootrootrootroot 等

下面用几个例子来进一步描述 awk 模式详解的用法。

例 8-10　文件 b.txt 内容如下所示。

```
[root@tianyun ~]# cat b.txt
yang sheng:is a::good boy!
```

以空格作为分隔符，打印出字段数，具体如下所示。

```
[root@tianyun ~]# awk '{print NF}' b.txt
```

执行结果如下：

```
4
```

以冒号作为分隔符，打印出字段数，具体如下所示。

```
[root@tianyun ~]# awk -F: '{print NF}' b.txt
```

执行结果如下：

```
4
```

以空格或冒号作为分隔符，打印出字段数，具体如下所示。

```
[root@tianyun ~]# awk -F"[ :]" '{print NF}' b.txt
```

执行结果如下：

```
7
```

以空格或冒号以上作为分隔符，打印出字段数，具体如下所示。

```
[root@tianyun ~]# awk -F"[ :]+" '{print NF}' b.txt
```

执行结果如下：

```
6
```

例 8-11　a+=5，等价于 a=a+5。

```
[root@tianyun ~]# awk 'BEGIN{a=5;a+=5;print a}'
```

执行结果如下：

```
10
```

例 8-12　文件/etc/passwd 中打印出以 root 开头的行，具体如下所示。

```
[root@tianyun ~]# awk -F":" '/^root/' /etc/passwd
```

执行结果如下：

```
root:0:root:x:0:0:root:/root:/bin/bash
```

例 8-13 awk 判断运算，如果为真则输出？后的内容，如果为假则输出:后的内容，具体如下所示。

```
[root@tianyun ~]# awk 'BEGIN{a="b";print a=="b"?"ok":"err"}'
```

执行结果如下：

```
ok
[root@tianyun ~]# awk 'BEGIN{a="b";print a=="c"?"ok":"err"}'
```

执行结果如下：

```
err
```

例 8-14 创建一个新的文本文件 a.txt。

```
[root@tianyun ~]# cat a.txt
2 this is a test
3 Are you like awk
This is a test
10 There are orange,apple,mongo
```

对 a.txt 进行如下操作。

打印第一列大于 2 的行，具体如下所示。

```
[root@tianyun ]# awk '$1>2' a.txt
```

执行结果如下：

```
3 Are you like awk
This is a test
10 There are orange,apple.mongo
```

打印第一列等于 2 的行，具体如下所示。

```
[root@tianyun ~]# awk '$1==2{print $1,$3}' a.txt
```

执行结果如下：

```
2 is
```

8.7 awk 流程控制

流程控制语句是所有程序设计语言必不可少的部分，每一门语言都支持某些执行流程控制的语句。awk 提供了完备的流程控制语句，这给用户编写程序代码带来了极大的方便。

8.7.1 if 条件语句

awk 提供了完整的流程控制语句，下面详细说明。

if…else 语句其语法格式为：

```
if (条件表达式)
语句 1
else
语句 2
```

或：

```
if (条件表达式) 语句 1; else 语句 2
```

其表示为如果表达式的判断结果为真，则执行语句 1，否则执行语句 2。

格式中的"语句 1"可以是多个语句，如果为了方便 awk 判断，可以将多个语句用{}括起来。

awk 分支结构允许嵌套，其格式为：

```
if (条件表达式 1)
{if (条件表达式 2)
语句 1
else
语句 2
}
语句 3
else{if (条件表达式 3)
语句 4
else
语句 5
}
语句 6
```

这种嵌套方式在实际操作过程中比较复杂的分支结构，读者了解即可。

例 8-15 根据 UID 判断系统中用户是系统用户还是普通用户。

```
[root@tianyun ~ ]# awk -F: '{if ($3<=200){name="system"}else{name="user"}print
$1,name}' /etc/passwd
```

执行结果如下：

```
root system
bin system
```

```
daemon system
adm system
lp system
sync system
shutdown system
halt system
mail system
uucp system
operator system
games system
gopher system
ftp system
nobody system
vcsa system
saslauth system
postfix system
sshd system
lin user
tcpdump system
hacker user
test user
apache system
```

例 8-16　统计系统用户数。

```
[root@tianyun ~]# awk -F":" '{if ($3>0 && $3<1000){++i}} END{print i}' /etc/passwd
```

执行结果如下：

```
46
```

例 8-17　分别统计管理员个数、普通用户个数及系统用户个数。

```
[root@tianyun ~]# awk -F: '{if ($3==0){i++} else if ($3>999) {k++} else{j++}}
END{print "管理员个数: "i;
print "普通用户个数: "k; print "系统用户: "j}' /etc/passwd
```

执行结果如下：

```
管理员个数: 1
普通用户个数: 174
系统用户: 46
```

8.7.2　while 循环

while 循环语法结构为：

```
while 条件表达式
{语句}
```

例 8-18　while 循环语法结构脚本。

```
[root@tianyun ~]# awk 'BEGIN{ i=1; while(i<=10){print i; i++} }'
1
2
3
4
5
6
7
8
9
10
```

例 8-19　文件/etc/passwd 以 root 行开头打印出每个字段。

```
[root@tianyun ~]# awk -F: '/^root/{i=1; while(i<=7){print $i; i++}}'/etc/passwd
root
x
0
0
root
/root
/bin/bash
```

awk 除 while 循环结构外，还有"do…while"循环结构。它在代码块结尾处对条件求值，而不像标准 while 循环那样在开始处求值，其语法结构为：

```
do
语句
while   (条件表达式)
```

与一般的 while 循环不同，由于在代码块之后对条件求值，"do…while"循环结构永远都至少执行一次。换句话说，当第一次遇到普通 while 循环时，如果条件为假，将永远不执行该循环。其语法结构示例如下。

```
[root@tianyun ~]# vim b.txt
111 222
333 444 555
666 777 888 999
```

分别打印出每行的每列字段。

```
[root@tianyun ~]# cat b.txt
111 222
333 444 555
666 777 888 999
[root@tianyun ~]# awk '{i=1;do {print $i;i++} while (i<=NF)}' b.txt
```

执行结果如下：

```
111
222
333
444
555
666
777
888
999
```

8.7.3 for 循环

for 循环中数组遍历的方式格式为：

```
for(变量 in 数组)
{语句}
```

固定循环的方式格式为：

```
for(变量;条件;表达式)
{语句}
```

for 语句首先执行初始化语句，然后再检查条件。如果条件为真，则执行语句，然后执行递增或者递减操作。只要条件为真，循环就会一直执行。每次循环结束都会进行条件检查，若条件为假则结束循环。

例 8-20 使用 for 循环输出数字 1 至 5。

```
[root@tianyun ~]# awk 'BEGIN{for(i=1;i<=5;i++){print i}}'
1
2
3
4
5
```

例 8-21 使用 for 循环分别打印每行每列字段。

```
[root@tianyun ~]# awk -F: '{for(i=1;i<=NF;i++){print $i}}' /etc/passwd
```

执行结果如下：

```
root
x
0
0
root
/root
```

```
        /bin/bash
        bin
        x
        1
        1
        bin
        /bin
        /sbin/nologin
daemon
x
2
2
daemon
/sbin
/sbin/nologin
```

8.7.4 break 命令、continue 命令、exit 命令

在 Linux awk 的 while 语句、do…while 和 if 语句可以使用 break 命令、continue 命令控制流程走向。break 中断当前正在执行的循环并跳到循环外执行下一条语句，continue 从当前位置跳到循环开始处执行，exit 用于退出语句循环。具体如下所示。

例 8-22 当计算的和大于 50 时，使用 break 结束循环。

```
[root@tianyun ~ ]# awk 'BEGIN{sum=0; for(i=0;i<20;++i){sum +=i;if (sum >50)
break;else print "Sum=",sum}}'
```

执行结果如下：

```
Sum = 0
Sum = 1
Sum = 3
Sum = 6
Sum = 10
Sum = 15
Sum = 21
Sum = 28
Sum = 36
Sum = 45
```

continue 语句用于在循环体内部结束本次循环，从而直接进入下一次循环迭代。具体如下所示。

例 8-23 输出 1 到 20 之间的偶数。

```
[root@tianyun    ~   ]#    awk    'BEGIN{for(i=1;i<=20;++i){if(i%2==0)print   i;else
continue}}'
```

执行结果如下：

```
2
4
```

```
6
8
10
12
14
16
18
20
```

exit 用于结束脚本程序的执行，具体如下所示。

例 8-24　当和大于 50 时结束 awk 程序。

```
[root@tianyun ~]# awk 'BEGIN{sum=0;for(i=0;i<20;++i){sum+=i;if(sum>50) exit(10);
else print"Sum=",sum}}'
```

执行结果如下：

```
Sum = 0
Sum = 1
Sum = 3
Sum = 6
Sum = 10
Sum = 15
Sum = 21
Sum = 28
Sum = 36
Sum = 45
```

检查执行后的返回状态。

```
[root@tianyun ~]# echo $?
19
```

8.7.5　数组

awk 处理文本中数组是必不可少的，由于数组索引（下标）可以是数字和字符串，索引（下标）一般称作 key，并且与对应数组元素的值关联。因此，awk 中的数组称为关联数组（Associative Arrays）。另外，数组元素的 key 和值都放在 awk 内部程序的某一张表中，通常使用一定散列算法来存放，所以数组元素并不是按照一定顺序来放的。同理，也不是按照一定的顺序打印出来的，但可以使用管道来对所需的数据再次操作来达到效果。

awk 中的数组不必提前声明，也不必声明大小，因为它在运行时可以自动地增加或减少。数组元素用 0 或空字符串来初始化，这根据上下文而定。一般而言，awk 中的数组用来从记录中收集信息，可以用于计算总和、统计单词以及跟踪模板被匹配的次数等。

图 8.3 为 awk 数组结构。

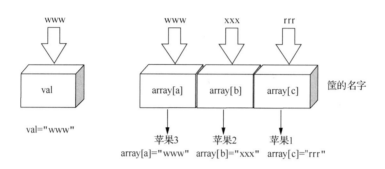

图 8.3　awk 数组结构

由图 8.3 可以发现，awk 数组就和酒店一样，数组的名称就像酒店名称，数组元素名称就像酒店房间号码，每个数组元素里面的内容就像酒店房间里面的人。图 8.4 是数组图。

图 8.4　数组图

数组使用的语法格式如下。

定义数组：

```
数组名[下标]=元素值
array_name[index]=value
```

其中，索引下标可以是数字，也可以是字符。

使用数组：

```
数组名[下标]
```

输出数组元素的值：

```
print 数组名[下标]
```

遍历数组循环结构：

```
for(变量名 in 数组名){print 数组名[变量名]}
```

例 8-25　遍历数组，显示/etc/passwd 的 root 账户。

```
[root@tianyun ~]# awk -F: '{username[++i]=$1} END{print username[1]}' /etc/passwd
```

执行结果如下：

```
root
```

例 8-26　遍历数组，显示/etc/passwd 的账户。

```
[root@tianyun ~]# awk -F: '{user[j++]=$1} END{for (i in user){printi,user[i]}}'
/etc/passwd
```

执行结果如下：

```
0 root
1 bin
2 daemon
3 adm
4 lp
5 sync
6 shutdown
7 halt
8 mail
9 uucp
10 operator
11 games
12 gopher
13 ftp
14 nobody
15 vcsa
16 saslauth
17 postfix
18 sshd
19 lin
20 tcpdump
21 hacker
22 test
23 apache
```

例 8-27　使用数组统计文件/etc/passwd 中各种类型 Shell 的数量。

```
[root@tianyun ~ ]# awk -F: '{shells[$NF]++} END{for (i in shells){print
i,shells[i]}}' /etc/passwd
```

执行结果如下：

```
/bin/sync 1
/bin/bash 173
/sbin/nologin 45
/sbin/halt 1
18 sshd
```

例 8-28　统计网站访问状态。

```
[root@tianyun ~]# netstat -ant |grep ':80'  |awk '{status [$NF]++} END{for (i in
status){print i,status[i]}}'
```

执行结果如下：

```
LISTEN  1
SYN_RECV  1
CLOSE_WAIT  79
ESTABLISHED  6
TIME_WAIT  8
```

例 8-29 统计当前每个 IP 地址的访问量。

```
[root@tianyun ~]# ss -an |grep ':80'|awk -F":" '!/LISTEN/{ip+count[$(NF-1)]++}
END{for(i in ip_count){print i,ip_count[i]}}'|sort -k2 -rn
```

执行结果如下：

```
10.18.42.59 15
10.18.42.143 15
10.18.42.133. 11
10.18.42.90 9
10.18.42.88 8
10.18.42.183 8
10.18.42.127 6
10.18.42.115 6
10.18.42.83 2
10.18.42.85 2
10.18.42.62 1
```

例 8-30 统计 Apache/Nginx 日志中某一天的 PV 量。

```
[root@tianyun log]# grep '22/Mar/2019' cd.mobiletrain.org.log |wc -l
```

执行结果如下：

```
1646
```

例 8-31 统计 Apache/Nginx 日志中某一天不同的 IP 地址的访问量。

```
[root@tianyun nginx_log]#awk '/22\/Mar\/2019/{ips[$1]++} END{for (i in ips){print
i,ips[i]}}' cd.mobiletrain.org.log |sort -k2 -rn |head
```

执行结果如下：

```
180.153.93.44 148
106.117.249.13 104
119.147.33.18 98
119.147.33.26 93
111.13.3.44 82
121.29.54.36.70
1.82.242.44 69
101.69.121.35 68
119.167.164.43 64
139.215.203.174 59
```

8.8　awk 中的函数

定义、调用用户本身的函数是每个高级语言都具有的功能，awk 也不例外。原始的 awk 并不提供函数功能，只有在 nawk 或较新的 awk 版本中才可以增加函数。

函数的使用包含两部分：函数的定义与函数调用。其中，函数定义又包括函数名、函数参数、函数体。awk 分为内建函数和自定义函数，下面分别进行讲解。

8.8.1　awk 内建函数

表 8.5 为字符串函数及其作用。表 8.6 为算术函数及其作用。

表 8.5　　　　　　　　　　　　　　字符串函数及其作用

内建函数	作用
gsub(x,y,z)	在字串 z 中使用字串 y 替换与正则表达式 x 相匹配的所有字串，z 默认为 $0。相当于 sed 中的 s///g
sub(x,y,z)	在字串 z 中使用字串 y 替换与正则表达式 x 相匹配的第一个字串，z 默认为 $0。相当于 sed 中的 s///
length(string)	返回 string 参数指定的字符串的长度（字符形式）。如果未给出 string 参数，则返回整个记录的长度（$0 记录变量）
getline	从输入中读取下一行内容
index(string1,string2)	在由 string1 参数指定的字符串（其中有出现 string2 指定的参数）中，返回位置，从 1 开始编号。如果 string2 参数不在 string1 参数中出现，则返回 0
substr(string,M,[N])	返回具有 N 参数指定的字符数量字串。字串从 string 参数指定的字符串取得，其字符以 M 参数指定的位置开始。M 参数指定为将 string 参数中的第一个字符作为编号 1。如果未指定 N 参数，则字串的长度将是 M 参数指定的位置到 string 参数的末尾的长度
match(string,Ere)	在 string 参数指定的字符串（Ere 参数指定的扩展正则表达出现在其中）中返回位置（字符形式），从 1 开始编号，或如果 Ere 参数不出现，则返回 0（零）。RSTART 特殊变量设置为返回值，RLENGTH 特殊变量设置为匹配的字符串的长度，或如果未找到任何匹配，则设置为-1
split(string,A,[Ere])	将 string 参数指定的参数分隔为数组元素 A[1],A[2],…,A[n]，并返回 n 变量的值。此分隔可以通过 Ere 参数指定的扩展正则表达式进行，或用当前字段分隔符（FS 特殊变量）来进行（如果没有给出 Ere 参数）。除非上下文指明特定的元素还应具有一个数字值，否则 A 数组的元素用字符串值来创建
tolower(string)	返回 string 参数指定的字符串，字符串中每个大写字符将更改为小写
sprintf(Format,Expr,Expr,…)	根据 Format 参数指定的 printf 子例程格式字符串来格式化 Expr 参数指定的表达式，并返回最后生成的字符串

表 8.6　　　　　　　　　　　　　　算术函数及其作用

内建函数	作用
rand()	产生 0 到 1 之间浮点类型的随机数，rand 产生随机数时需要 srand()设置一个参数，否则单独的 rand()每次产生的随机数都是一样的
init(x)	返回 x 的整数部分的值
sqrt()	返回 x 的平方根
srand()	建立 rand()新的种子数，如果没有指定就用当天的时间

例 8-32 要求统计用户名为 4 个字符的用户，传统的方法如下：

```
[root@tianyun ~ ]# awk -F: '$1 ~ /..../$/{count++;print $1}END{print "count is:"
count}' /etc/passwd
```

执行结果如下：

```
root
sync
halt
mail
news
uucp
nscd
vcsa
pcap
sshd
dbus
jack
count is:12
```

使用 awk 内建函数 length() 计算并返回字串的长度，统计用户名为 4 个字符的用户最新方法如下：

```
[root@tianyun ~]# awk -F: 'length($1)==4 {count++;print $1}END{print "count is:"
count}' /etc/passwd
```

执行结果如下：

```
root
sync
halt
mail
news
uucp
nscd
vcsa
pcap
sshd
dbus
jack
count is:12
```

8.8.2 awk 自定义函数

awk 函数的定义方法如下：

```
function 函数名（参数表）{
函数体
}
```

　　函数名是用户自定义函数的名称，函数名称以字母开头，后面可以是数字、字母或下画线的自由组合。awk 保留的关键字不能作为用户自定义函数的名称。

　　自定义函数可以接非必需的参数，参数之间用逗号分隔，参数不是必需的，用户也可以定义没有任何输入参数的函数，函数体包含 awk 程序代码。

　　以下实例实现了两个简单函数，它们分别返回两个数值中的最大值和最小值。在主函数 main 中调用了这两个函数。文件 functions.awk 代码如下：

```
[root@tianyun ~]# vim functions.awk
#返回最小值
function find_min(num1,num2)
{
    if (num1 < num2)
        return num1
return num2
}
#返回最大值
function find_max(num1,num2)
{
    if (num1 > num2)
        return num1
return num2
}
#主函数
function main(num1,num2)
{
    #查找最小值
    result = find_min(10,20)
    print  "Minimum = ",result
    #查找最大值
    result = find_max(10,20)
    print  "Maximum = ",result
}
# 脚本从这里开始执行
BEGIN {
    main(10,20)
}
```

　　执行 function.awk 文件，可以得到如下结果：

```
[root@tianyun ~]# awk -f functions.awk
Minimum = 10
Maximum = 20
```

　　以下实例实现 awk 使用外部变量，定义变量"var=bash"，把"Unix"替换成变量"bash"。
方法一：在双引号的情况下使用。

```
[root@tianyun ~]# var="bash"
```

```
[root@tianyun ~]# echo "Unix scrpt" |awk "gsub(/Unix/, \"$var\")"
```

执行结果如下：

```
bash script
```

方法二：在单引号的情况下使用。

```
[root@tianyun ~]# var="bash"
[root@tianyun ~]# echo "Unix script" | awk 'gsub(/Unix/, \"'"$var"'\")'
```

执行结果如下：

```
bash script
```

例 8-33 打印磁盘使用率大于 5% 的挂载点。

```
[root@tianyun ~]# df -h
Filesystem          Size    Used    Avail   Use%    Mounted on
/dev/mapper/cl-root 2.8T    246G    2.5T    9%      /
devtmpfs            24G     0       24G     0%      /dev
tmpfs               24G     20K     24G     1%      /dev/shm
tmpfs               24G     666M    23G     3%      /run
tmpfs               24G     0       24G     0%      /sys/fs/cgroup
/dev/sda2           1014G   194M    821M    20%     /root
tmpfs               4.8G    0       4.8G    0%      /run/user/0
tmpfs               4.8G    0       4.8G    0%      /run/user/1001
```

方法一：定义变量。

```
[root@tianyun ~]# i=5
[root@tianyun ~]# df -h |awk '{if (int($5)>"'$i'"){print $6":" $5}}'/:9%
```

执行结果如下：

```
/boot:20%
```

方法二：awk 的选项 -v 传递参数。

```
[root@tianyun ~]# var=bash
[root@tianyun ~]# echo "Unix scripts" |awk -v var="bash" 'gsub(/Unix/,var)'
```

执行结果如下：

```
bash script
```

8.9　本章小结

本章主要介绍了 awk 工作原理、语法格式、内置变量、模式、流程控制、函数等。通过本章的学习，读者需要灵活使用 awk 语言。awk 作为文本三剑客之一适合文本处理和报表生成，借鉴了某些语言的一些精华，在 Linux 系统日常处理工作中，发挥了很重要的作用。我们掌握 awk 日常运维工作将会非常高效。

8.10　习题

1. 填空题

（1）awk 的工作流程是_____。

（2）awk 的两个特殊模式是_____和_____。

（3）awk 的基本语法格式为_____。

（4）if…else 语句格式为_____。

（5）在 awk 的 while、do…while 和 for 语句允许使用_____。

2. 选择题

（1）NF 表示为（　　）。

    A. 当前记录里域个数　　　　　　　　B. 命令行变元个数

    C. 命令行变元数组　　　　　　　　　D. 当前输入文件名

（2）FNR 表示为（　　）。

    A. 输入记录分隔符　　　　　　　　　B. 当前文件中的记录号

    C. 输出分隔符　　　　　　　　　　　D. 到目前为止记录数

（3）初始化代码块表示（　　）。

    A. |　　　　　　　　B. {}　　　　　　　C. BEGIN　　　　　D. END

（4）在 awk 中数组叫作关联数组，所以定义数组不必（　　）。

    A. 不检验软件包的签名　　　　　　　B. 重新或覆盖安装

    C. -name　　　　　　　　　　　　　D. 声明数组，也不必声明大小

（5）rand()表示（　　）。

    A. 自定义函数　　　B. 启动函数　　　　C. 内建函数　　　　D. 字符串函数

3. 简答题

（1）简述如何获取网卡 IP 地址（除 IPv6 以外的所有 IP 地址）。

（2）简述如何清空本机的 ARP 缓存。

第9章 系统性能分析

本章学习目标
- 学会使用系统性能工具
- 掌握项目系统资源性能瓶颈脚本

在实际运维工作中，我们常常会遇到服务器无法处理更多请求的情况，比如访问网站慢，或者 Linux 服务器敲命令反应慢。本章介绍常见的系统性能分析工具和系统资源性能瓶颈脚本，可以帮助读者解决在工作遇到的问题。

9.1 常见的性能分析工具

计算机系统由四个模块组成，分别是 CPU、网络、磁盘、内存。在程序或者系统出现问题时，应该按一定的先后顺序对这四个模块进行排查。在 Linux 系统下，有很多高效的工具，可以帮助分析定位问题。本节对 Linux 下常用的工具进行简单的介绍，帮助读者初步了解这些工具。

在运维工作中常用的性能分析工具包括 vmstat、sar、iostat、netstat、free、ps、top、mpstat 以及第三方开发工具（如 dstat、collectl 及开源监控项目 tsar 等）。

图 9.1 所示为性能分析工具。

图 9.1 中的所有工具都可以通过 man 来获得帮助文档，下面简单介绍一下用法。

9.1.1 vmstat 命令

vmstat 命令是常见的 Linux/UNIX 监控工具，可以通过给定时间间隔来展示服务器的状态，包括服务器的 CPU 使用率、内存使用率、虚拟内存交换情况、I/O 读写情况。Linux/UNIX 都支持这个命令，相比 top，用户可以看到整个机器 CPU、内存、I/O 的使用情况，而不是单单看到各个进程的 CPU 使用率和内存使用率，两者使用的场景不一样。

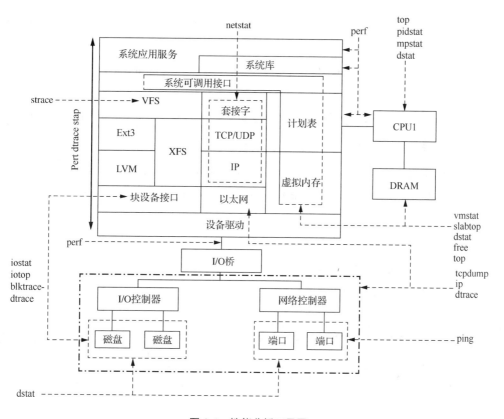

图 9.1　性能分析工具图

一般 vmstat 命令的使用是通过两个数字参数完成的，第一个参数是采样的时间间隔数，单位是秒；第二个参数是采样的次数。具体如下所示。

```
[root@tianyun ~]# vmstat 2 1
procs ----------------memory------------- -----swap-- -------io-------
-system-- ----cpu----
 r  b   swpd  free   buff    cache   si   so   bi   bo   in   cs us sy id wa
 1  0    0 3498472 315836 3819540  0    0    0    1    2    0  0  0 100 0
```

2 表示每个两秒采集一次服务器状态，1 表示只采集一次。

实际上，在应用过程中，会在一段时间内一直监控，如果想要停止 vmstat 命令的监控，按 Ctrl+c 即可。具体如下所示。

```
[root@tianyun ~]# vmstat 2
procs ----------memory------------- -----swap-- -----io---- ---system--
------cpu-----
 r  b  swpd   free buff cache    si   so   bi   bo  in   cs us  sy  id  wa st
```

```
 7  0  0   226756  315836  3819660  0   0   0   .1   2    0   0  0  100  0  0
 0  0  0  3499584  315836  3819660  0   0   0    0  88  158 0   0  100  0
 0  0  0  3499708  315836  3819660  0   0   0    2  86  162 0   0  100  0
 0  0  0  3499708  315836  3819660  0   0   0   10  81  151 0   0  100  0
 1  0  0  3499732  315836  3819660  0   0   0    2  83  154 0   0  100  0
```

以上表示 vmstat 每 2 秒采集数据，一直采集，直到用户结束程序，这里采集了 5 次数据用户就结束了程序。

procs: r 这一列显示多少进程在等待 CPU，b 这一列显示多少进程正在不可中断的休眠（等待 I/O）。

memory：swpd 列显示了多少块被换出了磁盘（页面交换），剩下的列显示了多少块是空闲的（未被使用），多少块正在被用作缓冲区，以及多少正在被用作操作系统的缓存。

swap：显示交换活动：每秒有多少块正在被换入（从磁盘）和换出（到磁盘）。

io：显示了多少块从块设备读取（bi）和写出（bo），通常反映了硬盘 I/O。

system：显示每秒中断（in）和上下文切换（cs）的数量。

cpu：显示所有 CPU 时间花费在各类操作的百分比，包括执行用户代码（非内核）、执行系统代码（内核）、空闲以及等待 I/O。

vmstat 命令参数详解如表 9.1 所示。

表 9.1   vmstat 命令参数详解

参数	含义
r	等待运行的进程数，多少个进程分到了 CPU，一般不超过 CPU 个数是正常的值
b	处于非中断睡眠状态的进程数，即在等待资源分配的进程数，阻塞状态
swpd	虚拟内存已使用的大小（KB），如果大于 0，表示机器的物理内存不足，如果不是程序内存泄漏的原因，那么就要升级内存或者把消耗内存的任务迁移到其他机器
free	空闲的物理内存的大小（KB）
buff	用作缓存的内存数，缓存的是文件目录基本内容，在磁盘中的位置、权限等
cache	用作文件缓存的内存数，对打开的文件进行缓存，提高执行效率和使用性能（KB）
si	从磁盘交换到内存的交换页数量，即每秒使用的虚拟内存数量（KB/s）
so	从内存交换到磁盘的交换页数量（KB/s）
bi	发送到块设备（一般为磁盘）的块数（块/s）
bo	从块设备接收到的块数（块/s）
in	每秒中断次数，包括时钟中断
cs	每秒上下文切换的次数
us	用户 CPU 使用时间
sy	系统 CPU 使用时间，如进行 I/O 操作等
id	空闲时间
wt	等待 I/O 的 CPU 时间，一般为 0

vmstat 是一款全面的系统性能分析工具，可以观察到系统的进程状态、内存的使用情况、

虚拟内存的使用情况、磁盘 I/O、中断、上下文切换、CPU 的使用情况等信息，在进行服务器性能测试时还可以作为监控标准工具。

9.1.2 sar 系统活动取样命令

sar（System Activity Reporter，系统活动情况报告）是 Linux 全面的系统性能分析工具之一，可以从多方面对系统活动进行报告，包括文件的读写情况、系统调用的使用情况、磁盘 I/O、CPU 效率、内存使用状况、进程活动及 IPC 有关活动等，可以连续对系统取样，获得大量的取样数据。取样数据和分析的结果都可以存入文件，而且所需的负载很小。

sar 命令的语法格式为：

```
sar [options] [-A][-o file] t [n]
```

其中，options 为命令选项；-o file 表示将命令结果以二进制格式存放在文件中，file 是文件名；t 为采样间隔；n 为采样次数，默认值是 1。

sar 命令参数详解如表 9.2 所示。

表 9.2　　　　　　　　　　　　　　　　sar 命令参数详解

参数	含义
-A	所有报告的总和
-u	输出 CPU 使用情况的统计信息
-v	输出 inode，文件和其他内核表的统计信息
-d	输出每一个块设备的活动信息
-f	输出内存和交换空间的统计信息
-b	显示 I/O 和传送速率的统计信息
-a	文件读写情况
-c	输出进程统计信息，每秒创建的进程数
-R	输出内存页面的统计信息
-y	终端设备活动情况
-w	输出系统交换活动信息
-g	输出串口的使用情况
-h	输出关于 buffer 使用的统计数据
-m	输出 IPC 消息队列和信号量的使用情况
-n	输出命令 cache 的使用情况
-q	输出运行队列和交换队列的平均长度
-r	输出没有使用的内存页面和硬盘块
-y	输出 TTY 设备活动状况
-B	输出附加缓存的使用情况
-p	输出调页活动的使用情况

例 9-1　sar -r 查看内存使用情况，打开 sar 的日志文件/var/log/sysstat 查看，具体如下所示。

```
[root@tianyun /var/log/sysstat]# sar -r 1 3
Linux 2.6.35-22-generic-pae (MyVPS)  12/28/2017 _i686_  (1 cpu)
 08:39:46 AM kbmemfree  kbmemused  %memused  kbbuffers  kbcached  kbcommit  %commit
kbactive kbinact
 08:39:46 AM 13804     363868      96.34      9200       53392     616112    79.50
157396 172424
 08:39:47 AM 13804     363868      96.34      9200       53392     616112    79.50
157396 172424
 08:39:48 AM 13804     363868      96.34      9200       53392     616112    79.50
157400 172424
 08:39:49 AM 13804     363868      96.34      9200       53392     616112    79.50
157400 172424
 Average:      13804   363868      96.34      9200       53392     616112    79.50
157397 172424
[root@tianyun /var/log/sysstat]# free
        total      used     free    shared   buffers   cached
Mem:    377672    363852   13820    0        9200      53392
-/+ buffers/cache:    301260   76412
Swap:   397308    43056    354252
```

从以上结果可以看出，kbmemfree 这个值和 free 命令中的 free 值基本一致，所以它不包括
buffer 和 cache 的空间。kbmemused 这个值和 free 命令中的 used 值基本一致，所以它包括 buffer
和 cache 的空间。%memused 物理内存使用率，这个值是 kbmemused 和内存总量（不包括 swap）
的一个百分比。kbbuffers 和 kbcached 这两个值就是 free 命令的 buffer 和 cache。kbcommit 保证
当前系统所需要的内存，即为了确保不溢出而需要的内存（RAM+swap）。%commit 这个值是
kbcommit 与内存总量（包括 swap）的一个百分比。

例 9-2　sar -u 查看 CPU 使用率，打开 sar 的日志文件/var/log/sysstat 查看，具体如下所示。

```
[root@tianyun /var/log/sysstat]# sar -u 1 3
Linux 2.6.35-22-generic-pae (MyVPS)    12/28/2017   _i686_   (1 CPU)
08:20:08 AM    CPU    %user    %nice    %system   %iowait   %steal   %idle
08:20:09 AM    all    0.00     0.00     0.00      0.00      0.00     100.00
08:20:09 AM    all    0.00     0.00     0.00      0.00      0.00     100.00
08:20:11 AM    all    1.52     0.00     0.00      0.00      0.51     97.98
Average:       all    0.50     0.00     0.00      0.00      0.17     99.33
```

可以看出这台机器使用了虚拟化技术，有相应的时间消耗。其中，%user 为用户模式下消
耗的 CPU 时间比例；%nice 为通过 nice 改变进程调度优先级的进程，在用户模式下消耗的 CPU
时间比例；%system 为系统模式下消耗的 CPU 时间比例；%steal 为利用 Xen 等操作系统虚拟化
技术，等待其他虚拟 CPU 计算占用的时间比例；%idle 是 CPU 空闲时间比例。

9.1.3　iostat 性能分析命令

iostat 用于报告 CPU 统计信息和整个系统、适配器、tty 设备、磁盘和 CD-ROM 的输入/输
出统计信息，默认显示了与 vmstat 相同的 CPU 使用信息。

iostat 命令的语法格式为：

```
iostat [参数] [时间] [次数]
```

iostat 命令参数详解如表 9.3 所示。

表 9.3   iostat 命令参数详解

参数	含义
-C	显示 CPU 使用情况
-d	显示磁盘使用情况
-k	以 KB 为单位显示
-m	以 M 为单位显示
-N	显示磁盘阵列信息
-n	显示网络文件系统使用情况
-p	显示磁盘和分区的情况
-t	显示终端和 CPU 的信息
-x	显示详细信息
-V	显示版本信息

iostat 用于监控 CPU 的统计信息和磁盘信息。下面是输入 iostat 命令显示的结果。

例 9-3 iostat 命令显示的结果。

```
[root@tianyun ~]# iostat
Linux 2.6.9-78.ELsmp(localhost)   27/11/2017
avg-cpu:  %user  %nice  %sys %iowait  %idle
      0.18    0.00    0.08  0.02  99.72
Device:      tps     Blk_read/s    Blk_wrtn/s    Blk_read    Blk_wrtn
sda          8.48    26.06         111.87        6429617     27601457
sda1         0.00    0.00          0.00          628         0
sda2         0.00    0.01          0.00          1654        33
sda3         8.48    26.05         111.87        6426351     27601424
dm-0        14.65    26.04         111.87        6425698     27602414
dm-1         0.00    0.00          0.00          360         0
```

以上如果是多 CPU 系统，显示所有 CPU 的平均统计信息。其中，输出信息含义如下：

```
%user：用户进程消耗 CPU 的比例
%nice：用户进程优先级调整消耗的 CPU 比例
%sys：系统内核消耗的 CPU 比例
%iowait：等待磁盘 IO 所消耗的 CPU 比例
%idle：闲置 CPU 的比例
```

例 9-4 使用命令参数显示磁盘的详细信息脚本。

```
[root@tianyun ~]# iostat -d -x -k 1 10
```

```
   Device: rrqm/s  wrqm/s r/s w/s rsec/s wsec/s  rKB/s  wKB/s avgrq-sz  avgqu-sz  await
svctm  %util
   sda      1.6 2.8  2.5 1.8 138.8 36.9 21.26 1.46 40.7     0.1     23.2    6.0
2.6
   Device: rrqm/s  wrqm/s r/s w/s rsec/s wsec/s  rKB/s  wKB/s avgrq-sz  avgqu-sz  await
svctm  %util
   sda      1.56 28.31 7.80 31.49 42.51 2.92   35.38  1.46  1.16    0.03    0.79
2.62  10.28
```

其中，第一行显示的是自系统启动以来的平均值，然后显示增量的平均值，每个设备一行。
输出信息的含义如下：

rrqm/s：每秒这个设备相关的读取请求有多少被 merge 了（当系统调用需要读取数据时，VFS 将请求发到各个 FS，如果 FS 发现不同的读取请求读取的是相同 Block 的数据，FS 会将这个请求合并 merge）；

wrqm/s：每秒对该设备的写请求被合并次数；

rsec/s：每秒读取的扇区数；

wsec/s：每秒写入的扇区数；

rKB/s：每秒读数据量；

wKB/s：每秒写数据量；

avgrq-sz：平均请求扇区的大小；

avgqu-sz：平均请求队列的长度，毫无疑问，队列长度越短越好；

await：每个 I/O 请求的平均处理时间（单位为毫秒）；

svctm 表示平均每次设备 I/O 操作的服务时间（以毫秒为单位），如果 svctm 的值与 await 很接近，表示几乎没有 I/O 等待，磁盘性能很好，如果 await 的值远高于 svctm 的值，则表示 I/O 队列等待太长，系统上运行的应用程序将变慢；

%util：在统计时间内所以处理 I/O 时间，除以总共统计时间。例如，如果统计间隔 1 秒，该设备有 0.8 秒在处理 I/O，而 0.2 秒闲置，那么该设备的 %util=0.8/1=80%，所以该参数暗示了设备的繁忙程度，一般地，如果该参数是 100% 表示设备已经接近满负荷运行（如果是多磁盘，即使 %util 是 100%，因为磁盘的并发能力，所以磁盘使用未必就到了瓶颈）。

常见 Linux 的磁盘 I/O 指标的缩写习惯如下：rq 是 request，r 是 read，w 是 write，qu 是 queue，sz 是 size，a 是 average，tm 是 time，svc 是 service。

9.1.4 top 性能监控命令

top 命令是性能监控工具，可以在很多 Linux/UNIX 版本下使用。它也是 Linux 运维人员经常使用的监控系统性能的工具。top 命令可以定期显示所有正在运行和实际运行的 CPU 使用、内存使用、交换内存、缓存大小、缓冲区大小、过程控制、用户等内容，并将它们更新到列表中。它也会显示内存和正在运行的 CPU 使用率过高的进程。当用户对 Linux 系统需要其监控和采取正确的行动时，top 命令对运维人员是非常有用。接下来讲解 top 命令的实际操作。

top 命令的语法格式为：

```
top [-] [d] [p] [q] [c] [C] [S] [s] [n]
```

top 命令参数详解如表 9.4 所示。

表 9.4　　　　　　　　　　　　　　　top 命令参数详解

参数	含义
d	指定每两次屏幕信息刷新之间的时间间隔，也可以使用 s 交互命令来改变
p	通过指定监控进程 ID 来仅仅监控某个进程的状态
q	该选项将使 top 没有任何延迟地刷新，如果调用程序有超级用户权限，那么 top 将以尽可能高的优先级运行
S	指定累计模式
s	使 top 命令在安全模式中运行，避免交互式
i	使 top 命令不显示任何闲置或僵尸进程
c	显示整个命令而不只是显示命令名

top 命令使用举例如下所示：

```
[root@tianyun ~]# top
top - 15:02:08 up 6 days 15:39,  6 users, load average: 0.69, 0.57, 0.33t
Tasks: 238 total, 1 runing, 235 sleeping, 2 stopped, 0 zombie
Cpu(s): 0.3%us, 0.3%sy, 0.0%ni, 99.5%id, 0.0%wa, 0.0%hi, 0.0%si, 0.0%st
Mem: 65973920k total, 24468308k used, 41505612k free, 3 59428k buffers
Swap: 0k total,        0k used,       0k free,    8754984k cached
 PID USER       PR  NI  VIRT   RES   SHR S  %CPU %MEM   TIME+  COMMAND
16646 glenx      17   0  2643m  1.0g  11m S  7.0  12.7  19:54.24  top
 1    root       15   0  2072   616   528 S  0.0  0.1   0:01.36  init
 2    root       RT  -5  0      0     0   S  0.0  0.0   0:00.00  migration/0
 3    root       34  19  0      0     0   S  0.0  0.0   0:00.00  ksoftirqd/0
 4    root       RT  -5  0      0     0   S  0.0  0.0   0:00.00  watchdog/0
 5    root       RT  -5  0      0     0   S  0.0  0.0   0:00.00  events/0
 6    root       10  -5  0      0     0   S  0.0  0.0   0:00.0   khelper
 7    root       10  -5  0      0     0   S  0.0  0.0   0:00.0   kthread
 8    root       RT  -5  0      0     0   S  0.0  0.0   0:00.0   watchdog/1
 9    root       RT  -5  0      0     0   S  0.0  0.0   0:00.0   ksoftirqd/2
 10   root       RT  -5  0      0     0   S  0.0  0.0   0:00.0   watchdog/2
 11   root       RT  -5  0      0     0   S  0.0  0.0   0:00.0   migration/2
 12   root       34  -5  0      0     0   S  0.0  0.0   0:00.0   ksoftirqs/3
 13   root       RT  -5  0      0     0   S  0.0  0.0   0:00.0   watchdog/3
 14   root       10  -5  0      0     0   S  0.0  0.0   0:00.0   events/0
 15   root       10  -5  0      0     0   S  0.0  0.0   0:0.0    events/1
 16   root       10  -5  0      0     0   S  0.0  0.0   0:0.0    events/2
 17   root       10  -5  0      0     0   S  0.0  0.0   0:0.0    events/3
```

第一行至第五行是系统整体统计信息。第一行是任务队列信息，依次表示当前时间、系统启动的时间、当前系统登录的用户数、平均负载。第二行显示的依次是所有启动的、目前运行的、挂起（Sleeping）和无用（Zombie）的进程。第三行显示是目前 CPU 的使用情况，包括系统占用的比例、用户使用比例、闲置（Idle）比例。第四行显示物理内存的使用情况，包括总的交换分区、已用内存、空闲内存、缓冲区占用的内存。第五行显示交换分区的使用情况，包括总的交换分区、使用的、空闲的和用于高速缓存的交换分区。第六行显示的内容最多，下面分别进行详细解释。

top 命令字段介绍如表 9.5 所示。

表 9.5   **top 命令字段介绍**

字段	含义
VIRT	虚拟内存（virtual memory usage），进程"需要的"虚拟内存大小，包括进程使用的库、代码、数据等。例如，进程申请 100MB 的内存，但实际只使用了 10MB，那么它会增长 100MB，而不是实际的使用量
RES	常驻内存（resident memory usage），进程当前使用的内存大小，统计加载的库文件所占内存大小，但不包括 swap out，包含其他进程的共享。例如，如果申请 100MB 的内存，实际使用 10MB，它只增长 10MB，与 VIRT 相反
SHR	共享内存（shared memory）除了自身进程的共享内存，也包括其他进程的共享内存
DATA	数据占用的内存。如果 top 没有显示，按 f 键可以显示出来。它是真正程序要求使用的数据空间
PID	Process ID 进程标志号
PPID	父进程 ID
RUSER	Real user name
UID	进程所有者的用户 ID
GROUP	进程所有者的组名
TTY	启动进程的终端名，不是从终端启动的进程则显示为"？"
PR	进程的优先级
USER	进程所有者用户名
NI	进程优先级别 nice 值，负值表示高优先级，正值表示低优先级
P	最后使用的 CPU，仅在多 CPU 环境下有意义
SWAP	进程使用的虚拟内存中，被换出的大小，单位为 KB
CODE	可执行代码以外占用的物理内存大小，单位为 KB
nFLT	页面错误次数
nDRT	最后一次写入到现在，被修改过的页面数
WCHAN	若该进程在睡眠，则显示睡眠中的系统函数名
Flags	任务标志
%CPU	进程占用的 CPU 使用率
%MEM	进程占用物理内存和总内存的百分比
COMMAND	进程启动执行的命令
TIME+	进程所有的 CPU 时间总计
S	进程状态
D=	不可中断的睡眠状态
R=	运行
S=	睡眠
T=	跟踪/停止
Z	僵尸进程

默认情况下，仅显示比较重要的 PID、USER、PR、NI、VIRT、RES、SHR、S、%CPU、

%MEM、TIME+、COMMAND 列。可以通过下面的快捷键来更改显示内容。

（1）按 o 键可以改变列的显示顺序，大写的 A-Z 可以将相应的列向左移动，小写的 a-z 可以将相应的列向右移动，最后按回车键确定。

（2）按 f 键可以选择显示的内容，按 f 键之后会显示出列的列表，按 a-z 即可显示或隐藏对应的列，最后按回车键确定。

（3）按大写的 F 或 O 键，按 a-z 可以将进程按照相应的列进行排序；按大写的 R 键可以将当前的排序倒转。

top 运行中，top 的内部命令可以对进程的显示方式进行控制。

top 内部命令参数详解如表 9.6 所示。

表 9.6　　　　　　　　　　　　　　top 内部命令参数详解

参数	含义
S	改变画面更新频率
l	关闭或开启第一部分第一行 top 信息的表示
t	关闭或开启第一部分第二行 Tasks 和第三行 Cpus 信息的表示
m	关闭或开启第一部分第四行 Mem 和第五行 Swap 信息的表示
N	以 PID 的大小的顺序排列表示进程列表
P	以 CPU 占用率大小的顺序排列进程列表
M	以内存占用率大小的顺序排列进程列表
h	显示帮助
n	设置在进程列表所显示进程的数量
q	退出 top
s	改变画面更新周期

top 命令是 Linux 上进行系统监控的首选命令，但 top 命令监控有很大的局限性，有时候达不到用户的使用要求，通常用 ps 和 netstat 两个命令来补充 top 的不足。

9.1.5　ps 实时监控系统命令

top 命令是对进程实时监控的命令。ps 命令显示进程的状态，但不是动态连续的。ps 命令是强大的进程查看命令。使用该命令可以确定进程运行的状态、进程是否结束、有没有僵尸进程、哪些进程占用了过多的资源等。总之，大部分信息都可以通过执行该命令获取结果。ps 命令最常用的是监控后台进程的工作情况，因此如果需要检测后台情况，就需要使用 ps 命令了。

ps 命令的语法格式如下：

```
ps  [选项]
```

ps 命令参数详解如表 9.7 所示。

表 9.7   ps 命令参数详解

参数	含义
-a	显示同一终端下的所有程序
-A	显示所有进程（等价于-e）
-w	显示加宽可以显示较多的信息
-au	显示较详细的信息
-aux	显示所有包含其他使用者的进程
-d	显示所有进程，但省略所有的会话引线
-e	等于-A
-f	全部列出，通常和其他选项联用，如 ps –fa 或 ps –fx 等
-x	显示没有控制终端的进程，同时显示各个命令的具体路径，dx 不可合用
-N	反向选择
r	显示当前终端的进程
T	显示当前终端的所有程序
u	指定用户的所有进程
-t	指定终端编号，并列出属于该终端机程序的状况
-p	PID 父进程 ID
-u	uid or username 选择有效的用户 ID 或者是用户名
-g	gid or groupname 显示组的所有进程
-L	参数，后面加上特定的 PID 显示特定进程的线程
-l	以长格式显示进程信息

  对进程进行监测和控制，了解当前进程的情况，使用 ps aux 命令或者 ps -ef 命令可以获得终端上所有用户有关进程的信息，这个也是平时用的最多命令之一，具体如下所示。

  例 9-5   ps 命令运行结果。

```
[root@tianyun ~]# ps aux
USER   PID   %CPU  %MEM  VSZ       RSS     TTY   STAT   START   TIME   COMMAND
root   1     0.0   0.2   2804      1684    ?     Ss     21:11   0:01   /sbin/init
root   2     0.0   0.0   0         0       ?     S<     21:11   0:00   [migration/0]
root   3     0.0   0.0   0         0       ?     SN     21:52   0:00   [ksoftirqd/0]
root   3075  0.0   0.0   1732      1322    ?     Ss     23:39   0:00   /usr/bin/atd
root   3108  0.0   0.0   2268      1292    ?     Ss     23:40   0:00   [rpciod/3]
root   3125  0.0   0.0   2318      3536    ?     Ss     23:41   0:00   rpc.statd
root   3152  0.0   0.0   18416     4465    ?     Ss     23:42   0:00   running
root   3153  0.0   0.0   3792      4860    ?     Ss     23:43   0:00   chroot
root   3214  0.0   0.0   6575      4908    ?     23:44  Ss     0:00   [pdflush]
root   3219  0.0   0.0   65057     26431   ?     23:45  Ss     0:00   [pdflush]
root   3220  0.0   0.0   23592     26173   ?     23:46  S+     0:00   ps  -aux
root   3221  0.0   0.0   1443024   26128   ?     23:47  S+     0:00   /usr/local/
```

```
jdk/bin/java
    root 3222  0.0  0.0  90140  3344  ?  23:48  S+  0:00 sshd: root@pts/2
    root 3224  0.0  0.0  68412  1756  ?  23:49  S+  0:00 -bash
```

例 9-6 使用 ps –ef 显示所有进程信息，连同命令行，具体如下所示。

```
[root@tianyun ~]# ps -ef |head -5
UID         PID     PPID  C  STIME  TTY      TIME      CMD
root          1       0   1  19:19  ?        00:00:03  /sbin/init
root          2       0   0  19:19  ?        00:00:00  [kthreadd]
root          3       2   0  19:19  ?        00:00:00  [migration/0]
root          4       2   0  19:19  ?        00:00:00  [ksoftirqd/0]
```

在 Linux 下 ps 命令参数详解如表 9.8 所示。

表 9.8 **ps 命令参数详解**

参数	含义
%CPU	进程的 CPU 占有率
%MEM	进程的内存占有率
RSS	进程使用的驻留集大小或者实际内存的大小
TTY	与进程关联的终端
STAT	检查的状态
R	正在运行或准备运行
S	睡眠、休眠中、受阻，在等待某个条件形成或接收某个信号
I	idle 空闲
Z	僵尸（Zombie）进程已终止，但进程描述符存在，直到父进程调用 wait4() 系统调用释放
D	不可中断的睡眠。通常是 I/O，收到信号不唤醒和不可运行，进程必须等待直到有中断发生
P	等待交换页
W	换出，表示当前页面不在内存
N	低优先级任务
T	终止，进程收到 SIGSTOP、SIGSTP、SIGTIN 及 SIGTOU 信号后停止运行
STRT	进程启动时间和日期
TIME	进程使用的总 CPU 时间
COMMAND	正在执行的命令行命令
NI	（nice）优先级
PRI	进程优先级编号
PPID	父进程的进程 ID
SID	会话 ID
WCHAN	进程正在睡眠的内核函数，该函数的名称是从 /root/system.map 文件中获得的
FLAGS	与进程相关的数字标识
UID	用户 ID

参数	含义
X	死掉的进程
<	高优先级进程，高优先序的进程
L	内存锁页（Lock）有记忆体分页分配并缩在记忆体内
s	进程的领导者（在它之下有子进程）
+	位于后台的进程组
l	多进程（使用 CLONE_THREAD，类似 NPTL Pthreads）

系统管理员可能只关心现在系统中运行着哪些程序，而不想知道哪些程序有哪些进程在运行。由于一个应用程序可能需要启动多个进程，因此在同等情况下，进程的数量要比程序的数量多，从阅读方面考虑，管理员需要知道系统中运行的具体程序，要实现这个需求，就要用到 ps 命令。ps 命令实现的功能如下。

（1）ps 命令显示结果的含义。当需要查看系统中执行的程序时，虽然 ps 命令不是唯一的命令，但绝对是使用的最频繁的命令。执行 ps 命令后显示的结果如下所示。

例 9-7　使用 ps 命令显示结果。

```
[root@tianyun ~]# ps
  PID TTY      TIME CMD
 3686 pts/2    00:00:00 bash
11669 pts/2    00:00:00 ps
```

在命令行中输入 ps，就可以显示系统中当前运行的所有应用程序，如上例所示。ps 命令的显示结果主要有四部分。首先是 PID（程序的 ID），系统利用唯一 PID 号来标识应用程序，而不是利用命令来确认。当需要强制关闭应用程序时，就需要利用 PID；其次是 TTY，这个字段表示用户使用的终端代码，pts 表示用户是采用远程登录的；第三个参数 TIME 表示这个程序所消耗的 CPU 时间，需要注意的是这个时间不是程序开始运行的时间；最后一个参数 CMD 表示程序的名字。

（2）让系统报告详细的信息。在使用 ps 命令时，如果不采用可选项，其显示的信息是有限的，而且往往只显示当前用户所运行的程序。当系统管理员需要知道应用程序更加详细的运行信息（如希望知道某个应用程序内存、CPU 的占有率情况）时，那么就需要加入一些可选项。如系统管理员需要一并查看其他用户所执行的应用程序时，就需要在这个命令后面采用可选项 -al，这时系统就会列出系统中所有用户运行的所有程序。如果想知道某个程序 CPU 与内存的使用情况，而不只是简单地显示其 CPU 的使用时间，那么就需要在这个命令后面加入参数 -1，即使用 ps -1 命令可以让系统显示出应用程序的详细运行信息。

```
[root@tianyun ~]# ps -l
F S   UID   PID  PPID  C  PRT  NI ADDR SZ    WCHAN  TTY      TIME     CMD
4 S     0  3686  3682  0   80   0    - 29141   wait   pts/2 00:00:00   bash
0 R     0 11672  3686  0   80   0    - 37233   -      pts/2 00:00:00   ps
```

（3）查看后台运行的程序。默认情况下，ps 命令只显示前台运行的程序，不会显示后台运行的程序，但并非所有的程序都在前台运行。正常情况下，隐藏在后台运行的程序数量要比前台运行的多，如随着操作系统启动而启动的不少系统自带程序，其运行的方式都是后台运行，而且大多时候，系统出现问题通常是由后台程序所造成的。如常见的木马等程序都是在后台所运行的，因此对于系统管理员来说，更加希望知道在后台运行哪些程序。

查看后台运行的程序实现起来比较复杂，这是因为在不同版本的 Linux 操作系统中，显示后台进程所采用的可选项是不同的。例如，在红帽 Linux 操作系统中，采用 ps aux 命令可以显示出所有的应用程序（包括前台与后台）。参数与可选项的差异主要体现在前面是否有 - 这个符号，如果带有这个符号就表示这是一个可选项，如果不带就表示一个参数。在其他 Linux 版本中，可能会不能识别 aux 参数，如在一些 Linux 操作系统版本中，需要采用 -a 可选项来完成这个任务。如果系统管理员在使用一个新版本的操作系统时，不知道要显示全部进程该使用哪个可选项时，可以利用 ps –help 等命令来查看系统帮助。

（4）对程序列表进行排序。当运行的应用程序比较多时，系统管理员需要对应用程序进行排序。ps 命令中有排序功能-sort 参数，在这个参数后面加上要排序的字段。例如，ps -A -sort cmd 表示显示系统所有应用程序，并根据程序命令进行排序。参数大小写不同往往代表着不同的含义，如上面命令，将大写字母 A 换成小写字母 a，其结果就不一样了。大写字母 A 表示所有应用程序，而小写字母 a 则表示 "all w/tty except session leaders"。两者有本质区别，利用这个差异可以用来过滤不同终端登录账户所运行的应用程序。

（5）报告特定程序的运行情况。当系统中运行的程序比较多时，通过对程序名字排序可以帮助管理员找到自己所关心的程序，但这不是最简便的方式。例如，现在系统管理员在其他操作系统中发现有一个叫作 threadx 的木马程序在系统后台运行，为此管理员需要在其他计算机上查看是否也有这个木马程序在运行，此时需要对程序名字进行排序（注意不是对程序的 PID 进行排序，因为即使程序相同，启动的时间不同或者操作系统中已经启动的程序数量不同，PID 也就不同，也就是说 PID 是自动生成的）。这在一定程度上可以帮助管理员加快程序查找的速度。另外，系统管理员使用管道与 grep 等查询命令会更快地找到自己需要的应用程序信息。

例 9-8　查看 Nginx 占用的进程。

```
[root@tianyun ~]# ps axu | grep -v grep | grep nginx
root      4342    0.0    0.0    41096   896    ?   Ss   21:06   0:00 nginx: master process
/usr/local/webserver/nginx/sbin/nginx
   www    4343    0.0    0.6    65920   26232   ?   S    21:07   0:05 nginx: worker process
   www    4344    0.0    0.6    65920   26160   ?   S    21:08   0:02 nginx: worker process
   www    4345    0.0    0.6    66076   26460   ?   S    21:09   0:03 nginx: worker process
   www    4346    0.0    0.6    65920   26104   ?   S    21:10   0:03 nginx: worker process
   www    4347    0.0    0.6    66052   26228   ?   S    21:11   0:04 nginx: worker process
   www    4348    0.0    0.6    66012   26372   ?   S    21:12   0:04 nginx: worker process
   www    4349    0.0    0.6    65788   26076   ?   S    21:13   0:03 nginx: worker process
   www    4350    0.0    0.6    65920   26188   ?   S    21:14   0:06 nginx: worker process
```

9.1.6 netstat 监控网络状态命令

在 Internet RFC 标准中，netstat 是指内核中访问网络连接状态及其相关信息的程序，它能提供 TCP 连接、TCP 和 UDP 监听、进程内存管理的相关报告。

netstat 是控制台命令，是一款监控 TCP/IP 网络的工具，它可以显示路由表、实际的网络连接以及每一个网络接口设备的状态信息。netstat 用于显示与 IP、TCP、UDP 和 ICMP 相关的统计数据，一般用于检验本机各端口的网络连接情况。

netstat 命令的功能是显示网络连接、路由表和网络接口信息，可以让用户得知有哪些网络连接正在运作，一般用 netstat –an 来显示所有连接的端口并用数字表示。如果使用时不带参数，netstat 显示活动的 TCP 连接。

netstat 命令的语法格式为：

```
netstat [-a][-e][-n][-o][-p Protocol][-r][-s][Interval]
```

netstat 命令参数详解如表 9.9 所示。

表 9.9 netstat 命令参数详解

参数	含义
-a	显示所有套接字，包括正在监听的套接字
-c	每隔 1 秒就重新显示一遍，直到用户中断它
-i	显示所有网络接口的信息
-n	以网络 IP 地址代替名称，显示出网络连接情形
-r	显示核心路由表，格式同"route –e"
-t	显示 TCP 协议的连接情况
-u	显示 UDP 协议的连接情况
-v	显示正在进行的工作
-p	显示建立相关连接的程序名和 PID
-b	显示在创建每个连接或侦听端口时涉及的可执行程序
-e	显示以太网统计。此选项可以与-s 选项结合使用
-f	显示外部地址的完全限定域名（FQDN）
-o	显示与网络计时器相关的信息
-s	显示每个协议的统计
-x	显示 NetworkDirect 连接、侦听器和共享端点
-y	显示所有连接的 TCP 连接模板。无法与其他选项结合使用
intervel	重新显示选定的统计，各个显示间暂停的间隔秒数。按 Ctrl+c 停止重新显示统计。如果省略，则 netstat 将打印当前的配置信息一次

例 9-9 在命令行中敲入 netstat 输出结果分析。

```
[root@tianyun ~]# netstat
Active  Internet  connections  (w/o servers)
```

```
Proto   Recv-Q   Send-Q   Local Address        Foreign Address      State
tcp     0        52       192.168.25.138:ssh   192.168.25.100:51068 ESTABLISHED
Active UNIX   domain   sockets   (w/o servers)
Proto  RefCnt   Flags    Type     State       I-Node  Path
Unix   2        [ ]      DGRAM    8981        @/org/kernel/udev/udevd
Unix   2        [ ]      DGRAM    12440       @/org/freedesktop/hal/udev_event
Unix   9        [ ]      DGRAM    11690       /dev/log
Unix   2        [ ]      DGRAM    13883
```

从整体上看，netstat 的输出结果可以分为两个部分：

一部分是 Active Internet connections，称为有源 TCP 连接，其中 Recv-Q 和 Send-Q 指接收队列和发送队列。这些数字一般都应该是零。如果不是零则表示软件包正在队列中堆积。这种情况很少见。

另外一部分是 Active UNIX domain sockets，称为有源 UNIX 域套接口（与网络套接字一样，但是只能用于本机通信，性能可以提高一倍）。

Proto 显示连接所使用的协议，RefCnt 表示连接本套接口上的进程号，Types 显示套接口的类型，State 显示套接口当前的状态，Path 表示连接到套接口的其他进程使用的路径名。

套接字类型详解如表 9.10 所示，TCP 状态详解如表 9.11 所示。

表 9.10　套接字类型详解

参数	含义
-t	TCP
-u	UDP
--raw	RAW 类型
--Unix	UNIX 域类型
--ax25	AX25 类型
--ipx	ipx 类型
--netrom	netrom 类型

表 9.11　TCP 状态详解

状态	含义
LISTEN	监听来自远方 TCP 端口的连接请求
SYN-SENT	再发送连接请求后等待匹配的连接请求
SYN-RECEIVED	在收到和发送一个连接请求后，等待对方连接请求确认
ESTABLISHED	代表一个打开的连接
FIN-WAIT-1	等待远程 TCP 连接中断请求，或先前连接中断请求的确认
FIN-WAIT-2	从远程 TCP 等待连接中断请求
CLOSE-WAIT	等待从本地用户发来的连接中断请求
LAST-ACK	等待原来发向远程 TCP 的连接中断请求确认
TIME-WAIT	等待足够的时间，以确保远程 TCP 接收到连接中断请求确认
CLOSED	没有任何连接状态

接下来具体举例说明，netstat -a 列出所有的有效连接信息列表，包括已建立的连接（ESTABLISHED），也包括监听连接请求（LISTENING）的连接，具体如下所示。

例 9-10　netstat -a 命令显示结果。

```
[root@tianyun ~]# netstat -a | more
Active Internet connections (servers and established)
Proto Recv-Q Sent-Q Local Address           Foreign Address        State
tcp      0      0    localhost:30037             *:*                LISTEN
udp      0      0    *:bootpc                    *:*
tcp      0      0    *:sunrpc                    *:*                LISTEN
tcp      0      0    *:webcache                  *:*                LISTEN
tcp      0      0    *:http                      *:*                LISTEN
tcp      0      0    192.168.122.1:domain        *:*                LISTEN
tcp      0      0    localhost.localdomain:d-s-n *:*                LISTEN
tcp      0      0    localhost.loc:simplifymedia *:*                LISTEN
tcp      0      0    *:ssh                       *:*                LISTEN
tcp      0      0    localhost.loc:simplifymedia *:*                LISTEN
Active UNIX domain sockets (servers and established)
Proto RefCnt Flags     Type     State     I-Node   Path
Unix   2     [ ACC ]   STREAM   LISTENING 6135     /tmp/.X11-Unix/X0
Unix   2     [ ACC ]   STREAM   LISTENING 5140     /var/run/acpid.socket
```

例 9-11　列出所有 TCP 协议的端口。

```
[root@tianyun ~]# netstat -at
Active Internet connections (servers and established)
Proto Recv-Q Send-Q   Local Adders       Foreign Address     State
tcp      0      0      localhost:1024     *:*                 LISTEN
tcp      0      0      *:ssh              *:*                 LISTEN
tcp      0      0      localhost:ipp      *:*                 LISTEN
tcp      0      0      localhost:smtp     *:*                 LISTEN
tcp      0      0      localhost:40312    localhost:1024
ESTABLISHED
tcp      0      0      localhost:1024     localhost:40312
ESTABLISHED
tcp      0      0      *:ssh              *:*                 LISTEN
tcp      0      0      localhost:ipp      *:*                 LISTEN
tcp      0      0      localhost:smtp     *:*                 LISTEN
```

例 9-12　列出所有的 UDP 端口。

```
[root@tianyun ~]# netstat -au |more
Active Internet connections (server and established)
Proto Recv-Q Send-Q   Local Address       Foreign Address     State
udp      0      0      *:ideafarm-panic    *:*
udp      0      0      *:47005             *:*
udp      0      0      localhost.loca:memcache *:*
udp      0      0      *:55276             *:*
udp      0      0      192.168.122.1:domain *:*
udp      0      0      *:bootps            *:*
```

```
udp        0         0         *:bootpc              *:*
udp        0         0         *:sunrpc              *:*
udp        0         0         *:ipp                 *:*
udp        0         0         *:44236               *:*
udp        0         0         *:722                 *:*
```

例 9-13 只显示监听端口 netstat -l。

```
[root@tianyun ~]# netstat -l
Active Internet connections (only servers)
Proto  Recv-Q  Send-Q    Local Address          Foreign Address     State
tcp      0       0        *:sunrpc                    *:*            LISTEN
tcp      0       0        *:webcache                  *:*            LISTEN
tcp      0       0        *:http                      *:*            LISTEN
tcp      0       0        102.168.122.1:domain   *:*                LISTEN
tcp      0       0        localhost.localdomain:d-s-n *:*            LISTEN
tcp      0       0        *:ssh                       *:*            LISTEN
tcp      0       0        localhost:loc:simplifymedia *:*            LISTEN
tcp      0       0        localhost.localdomain:ipp   *:*            LISTEN
tcp      0       0        *:44343                     *:*            LISTEN
tcp      0       0        localhost.localdomain:smtp  *:*            LISTEN
```

例 9-14 只显示监听的 TCP 端口 netstat -lt。

```
[root@tianyun ~]# netstat -lt
Active Internet connections (only servers)
Proto  Recv-Q  Send-Q    Local Address          Foreign Address     State
tcp      0       0        *:sunrpc                    *:*            LISTEN
tcp      0       0        *:webcache                  *:*            LISTEN
tcp      0       0        *:http                      *:*            LISTEN
tcp      0       0        192.168.122.1:domain        *:*            LISTEN
tcp      0       0        localhost.localdomain:d-s-n *:*            LISTEN
tcp      0       0        *:ssh                       *:*            LISTEN
tcp      0       0        localhost.loc:simplifymedia *:*            LISTEN
tcp      0       0        localhost.localdomain:ipp   *:*            LISTEN
tcp      0       0        *:44343                     *:*            LISTEN
tcp      0       0        localhost.localdomain:smtp  *:*            LISTEN
```

例 9-15 只显示所有监听 UDP 端口 netstat -lu。

```
[root@tianyun ~]# netstat -lu
Active Internet connections (only servers)
Proto  Recv-Q  Send-Q  Local Address          Foreign     State
udp      0       0      *:ideafarm-panic            *:*
udp      0       0      *:47005                     *:*
udp      0       0      *:47551                     *:*
udp      0       0      Localhost.local:memcache    *:*
udp      0       0      *:55276                     *:*
udp      0       0      192.168.122.1:domain        *:*
udp      0       0      *:bootps                    *:*
```

udp	0	0	*:bootpc	*:*
udp	0	0	*:sunrpc	*:*

例 9-16 只显示所有监听 UNIX 端口 netstat -lx。

```
[root@tianyun ~]# netstat -lx
Active UNIX domain sockets (only servers)
Proto    RefCnt    Flags    Type    State    I-Node    Path
Unix     2         [ ACC ]  STREAM  LISTENING 21941       /tmp/.X11-Unix/X0
Unix     2         [ ACC ]  STREAM  LISTENING 34096 /tmp/orbit-haozheng/linc-cd2-
0-5b33falecf0c9
Unix     2         [ ACC ]  STREAM  LISTENING 22263     @/tmp/gdm-greeter-cB1QsyRF
Unix     2         [ ACC ]  STREAM  LISTENING 32728       /tmp/.ICE-Unix/3103
Unix     2         [ ACC ]  STREAM  LISTENING 36866     @/tmp/dbus-AcJrB1WF
Unix     2         [ ACC ]  STREAM  LISTENING 20454       /tmp/mysql.sock
```

例 9-17 显示所有端口的统计信息 netstat -s。

```
[root@tianyun ~]# netstat -s
IP:
  1943780  total  packets  received
  2  forwarded
  0  incoming packets discarded
  1769532 incoming packets delivered
  1121573 requests sent out
  132 outgoing packets dropped
  45867 dropped because of missing route
 TCP:
      64002 active connections openings
      7632 passive connection openings
      2309 failed connection attempts
      498 connections resets received
    8   connections established
    1018564 segments send out
    16835 segments retransmitted
    2    bad segments received.
    552  resets sent
Udp:
  133420 packets received
  7845 packets to unknown port received.
  0 packet receive errors
  74841 packets sent
  0    receive buffer errors
  0    receive buffer errors
```

例 9-18 显示所有 TCP（netstat -st）或 UDP（netstat -su）的统计信息。

```
[root@tianyun ~]# netstat -su
IcmpMsg:
    InType0: 11
    InType3: 13506
    OutType3: 13679
```

```
            OutType8: 11
        Udp:
            133462 packets received
            7869 packets to unknown port received.
             0   packet receive errors
            74888 packets sent
             0   receive buffer errors
             1   send buffer errors
        UdpLite:
        IpExt:
            InNoRoutes: 991
            InMcastPkts: 24308
            OutMcastPkts: 2353
            InBcastPkts: 630615
            OutBcastPkts: 1546
            InOctets: 755319900
            OutOctets: 296705252
            InBcastOctets: 99500419
            OutBcastOctets: 299980
```

例 9-19 显示 PID/进程名称 netstat –p (-p 可以与其他参数一起使用，如显示 TCP 的进程 ID 信息)。

```
    [root@tianyun ~]# netstat -pt
    Active Internet connections (w/o servers)
        Proto    Recv-Q    Send-Q    Local Address    Foreign Address    State
PID/Program name
    tcp         0          0        192.168.0.52:44784   123.150.49.20:http   FIN_WAIT2
4207/VirtualBox
    tcp     0      0     192.168.0.52:46715   ie-in-f125.1e100.net:https   ESTABLISHED
4207/VirtualBox
    tcp     0      0     192.168.0.52:43415   geotrust-cosp-mtv.veri:http   FIN_WAIT2
4207/VirtualBox
```

例 9-20 在 netstat 输出中不显示主机、端口和用户名。

当不想显示主机、端口和用户名时，使用 **netstat -n**。将会使用数字代替那些名称，同样可以加速输出，因为不用进行比对查询。**netstat -ntpl** 显示 TCP 的监听端口。

```
    [root@tianyun ~]# netstat -ptnl
    Active Internet connections (only servers)
    Proto    Recv-Q    Send-Q    Local Address    Foreign Address    State    PID/Program name
    tcp     0         0         0.0.0.0:111       0.0.0.0:*          LISTEN   971/rpcbind
    tcp     0         0         0.0.0.0:8080      0.0.0.0:*          LISTEN   1526/nginx: master
    tcp     0         0         0.0.0.0:80        0.0.0.0:*          LISTEN   1526/nginx: master
    tcp     0         0         192.168.122.1:53  0.0.0.0:*          LISTEN   1248/dnsmasq
    tcp     0         0         127.0.0.1:8086    0.0.0.0:*          LISTEN   1553/python
    tcp     0         0         0.0.0.0:22        0.0.0.0:*          LISTEN   1163/sshd
    tcp     0         0         127.0.0.1:8087    0.0.0.0:*          LISTEN   1553/python
    tcp     0         0         127.0.0.1:631     0.0.0.0:*          LISTEN   1140/cupsd
    tcp     0         0         0.0.0.0:44343     0.0.0.0:*          LISTEN   1151/rpc.statd
    tcp     0         0         127.0.0.1:25      0.0.0.0:*          LISTEN   18573/sendmail: acc
```

165

```
tcp     0     0     127.0.0.1:3002    0.0.0.0:*    LISTEN    1004/ruby
tcp     0     0     0.0.0.0:8000      0.0.0.0:*    LISTEN    1526/nginx: master
```

例 9-21　每秒输出一次 TCP 监听端口信息 netstat -ntplc。

```
[root@tianyun ~]# netstat -ptnlc
Active Internet connections (only servers)
Proto  Recv-Q  Send-Q  Local Address     Foreign Address  State    PID/Program name
tcp     0       0       0.0.0.0:111       0.0.0.0:*        LISTEN   971/rpcbind
tcp     0       0       0.0.0.0:8080      0.0.0.0:*        LISTEN   1526/nginx: master
tcp     0       0       0.0.0.0:80        0.0.0.0:*        LISTEN   1526/nginx: master
tcp     0       0       192.168.122.1:53  0.0.0.0:*        LISTEN   1248/dnsmasq
tcp     0       0       127.0.0.1:8086    0.0.0.0:*        LISTEN   1553/python
tcp     0       0       0.0.0.0:22        0.0.0.0:*        LISTEN   1163/sshd
```

例 9-22　显示路由信息 netstat -r。

```
[root@tianyun ~]# netstat -r
Kernel IP routing table
Destination   Gateway    Genmask          Flags  MSS  Window  irtt  Iface
default       vrouter    0.0.0.0          UG     0    0       0     eth0
192.168..0.0  *          255.255.255.0    U      0    0       0     eth0
192.168.122.0 *          255.255.255. 0   U      0    0       0     virb
```

例 9-23　显示网络接口列表 netstat -i。

```
[root@tianyun ~]# netstat -i
Kernel Interface table
Iface   MTU   Met  RX-OK    RX-ERR  RX-DRP  RX-OVR  TX-OK   TX-ERR  TX-DRP  TX-OVR  Flg
eth0    1500  0    4943885  0       0       0       901773  0       0       0       BMRU
lo      16436 0    236931   0       0       0       236931  0       0       0       LRU
virbr0  1500  0    0        0       0       0       0       0       0       0       BMU
```

9.1.7　ifconfig 查看地址命令

Windows 系统存在 ifconfig 命令，用来获取网络接口配置信息并可以对此进行修改。Linux 系统拥有一个类似的工具——ifconfig(Interfaces Config)，通常需要以 root 身份登录或使用 sudo 在 Linux 系统上使用 ifconfig 工具。使用 ifconfig 命令中的一些选项属性，ifconfig 工具不仅可以获取和修改网络接口配置信息，如显示/设置 IP 地址、子网掩码、广播地址等。

ifconfig 命令的语法格式为：

```
ifconfig [网络设备] [参数]
```

ifconfig 命令用来查看和配置网络设备，当网络环境发生改变时可以通过此命令对网络进行相应的配置。

ifconfig 命令参数详解如表 9.12 所示。

表 9.12　　　　　　　　　　　　　ifconfig 命令参数详解

参数	含义
up	启动指定网络设备/网卡
down	关闭指定网络设备/网卡。该参数可以有效地阻止通过指定接口的 IP 信息流，如果想永久地关闭一个接口，还需要从核心路由表中将该接口的路由信息全部删除
arp	设置指定网卡是否支持 ARP 协议
-promisc	设置是否支持网卡的 promiscuous 模式，如果选择此参数，网卡将接收网络中发给它所有的数据包
-allmulti	设置是否支持多播模式，如果选择此参数，网卡将接收网络中所有的多播数据包
-a	显示全部接口信息
-s	显示摘要信息（类似于 netstat -i）
add	设置 IPv6 地址
del	删除指定网卡的 IPv6 地址
mtu<字节数>	设置网卡的最大传输单元（bytes）
netmask<子网掩码>	设置网卡的子网掩码，掩码可以是有前缀 0x 的 32 位十六进制数，也可以是用点分开的 4 个十进制数，如果不打算将网络分成子网，可以不管这一选项；如果要使用子网，那么网络中每一个系统必须有相同子网掩码
tunnel	建立管道
dstaddr	设定一个远端地址，建立点对点通信
-broadcast<地址>	为指定网卡设置广播协议
-pointtopoint<地址>	为网卡设置点对点通信协议
multicast	为网卡设置组播标志
address	设置 IPv4 地址
txqueuelen<长度>	为网卡设置传输队列的长度

ifconfig 如果不接受任何参数，就会输出当前网络接口的情况，具体如下所示。

例 9-24　ifconfig 查看网络接口状态。

```
[root@tianyun ~]# ifconfig
eth0    Link encap:Ethernet  HWaddr  00:50:56:BF:26:20
        inet addr:192.168.120.204  Bcast:192.168.120.255  Mask:255.255..255.0
        UP BROADCAST RUNNING MULTICAST  MTU:1500  Metric:1
        RX packets:8700857 errors:0 dropped:0 overruns:0 frame:0
        TX packets:31533 errors:0 dropped:0 overruns:0 carrier:0
        collisions:0 txqueuelen:1000
        RX bytes:596390239 (568.7 MiB)  TX bytes:2886956 (2.7 MiB)
lo      Link encap:Local Loopback
        inet addr:127.0.0.1  Mask:255.0.0.0
        UP LOOPBACK RUNNING  MTU:16436  Metric:1
        RX packets:68 errors:0 dropped:0 overruns:0 frame:0
        TX packets:68 errors:0 dropped:0 overruns:0 carrier:0
        RX bytes:2856 (2.7 KiB)  TX bytes:2856 (2.7 KiB)
```

可以看到，eth0 表示第一块网卡。其中，HWaddr 表示网卡的物理地址，这个网卡的物理地址（MAC 地址）是 00:50:BF:26:20；inet addr 表示网卡的 IP 地址，此网卡的 IP 地址是 192.168.120.204，广播地址 Bcast:192.168.120.255，掩码地址 Mask:255.255.255.0。

lo 是表示主机的回环地址，它一般是用于测试一个网络程序，但又不想让局域网或外网的用户查看，只能在这台主机上运行和查看所用的网络接口。例如，把 HTTPD 服务器的 IP 地址指定到回环地址，在浏览器输入 127.0.0.1 就能自己看到所架构 Web 网站了，局域网的其他主机或用户无法知道。

以上 ifconfig 输出结果每行分别表示为：

第一行：连接类型：Ethernet（以太网）HWaddr（硬件 MAC 地址）。

第二行：网卡的 IP 地址、子网、掩码。

第三行：UP（表示网卡开启状态），RUNNING 表示网卡的网线被接上，MULTICAST 表示支持组播，MTU：1500 表示最大的传输单元为 1500 字节。

第四、五行：接收、发送数据包情况统计。

第六、七行：接收、发送数据字节数统计信息。

例 9-25 用 ifconfig 修改 MAC 地址。

```
[root@tianyun ~]# ifconfig eth0 down //关闭网卡
[root@tianyun ~]# ifconfig eth0 hw ether 00:AA:BB:CC:DD:EE //修改 MAC 地址
[root@tianyun ~]# ifconfig eth0 up //启动网卡
[root@tianyun ~]# ifconfig
eth0    Link encap:Ethernet  HWaddr  00:AA:BB:CC:DD:EE
        inet addr:192.168.120.204  Bcast:192.168.120.255  Mask:255.255..255.0
        UP BROADCAST RUNNING MULTICAST  MTU:1500  Metric:1
        RX packets:8700857  errors:0 dropped:0 overruns:0 frame:0
        TX packets:31533  errors:0  dropped:0 overruns:0 carrier:0
        collisions:0 txqueuelen:1000
        RX bytes:596390239 (568.7 MiB)  TX bytes:2886956 (2.7 MiB)
lo      Link encap:Local Loopback
        inet addr:127.0.0.1  Mask:255.0.0.0
        UP LOOPBACK RUNNING  MTU:16436  Metric:1
        RX packets:68 errors:0 dropped:0 overruns:0 frame:0
        TX packets:68 errors:0 dropped:0 overruns:0 carrier:0
        collisions:0 txqueuelen:0
        RX bytes:2856 (2.7 KiB)  TX bytes:2856 (2.7 KiB)
[root@tianyun ~]# ifconfig eth0 hw ether 00:50:56:BF:26:20 //关闭网卡并修改 MAC 地址
[root@tianyun ~]# ifconfig eth0 up //启动网卡
[root@tianyun ~]# ifconfig
eth0    Link encap:Ethernet  HWaddr 00:50:56:BF:26:20
        Link encap:Ethernet  HWaddr 00:50:56:BF:26:20
        inet addr:192.168.120.204  Bcast:192.168.120.255  Mask:255.255.255.0
        UP BROADCAST RUNNING MULTICAST  MTU:1500  Metric:1
        RX packets:8700857 errors:0 dropped:0 overruns:0 frame:0
        TX packets:31533 errors:0 dropped:0 overruns:0 carrier:0
        collisions:0 txqueuelen:1000
        RX bytes:596390239 (568.7 MiB)  TX bytes:2886956 (2.7 MiB)
```

```
lo      Link encap:Local Loopback
        inet addr:127.0.0.1 Mask:255.0.0.0
        UP LOOPBACK RUNNING MTU:16436 Metric:1
        RX packets:68 errors:0 dropped:0 overruns:0 frame:0
        TX packets:68 errors:0 dropped:0 overruns:0 carrier:0
        collisions:0 txqueuelen:0
        RX bytes:2856 (2.7 KiB) TX bytes:2856 (2.7 KiB)
```

例 9-26　配置 IP 地址。

```
[root@tianyun ~]# ifconfig eth0 192.168.120.56
[root@tianyun ~]# ifconfig eth0 192.168.120.56 netmask 255.255.255.0
[root@tianyun ~]# ifconfig eth0 192.168.120.56 netmask 255.255.255.0 broadcast
192.168.120.255
```

上例中，ifconfig eth0 192.168.120.56 表示给 eth0 网卡配置 IP 地址为 192.168.120.56；ifconfig eth0 192.168.120.56 netmask 255.255.255.0 表示给 eth0 网卡配置 IP 地址为 192.168.120.56，并加上子网掩码为 255.255.255.0；ifconfig eth0 192.168.120.56 netmask 255.255.255.0 broadcast 192.168.120.255 表示给 eth0 网卡配置 IP 地址为 192.168.120.56，加上子网掩码为 255.255.255.0，加上广播地址为 192.168.120.255。

例 9-27　启用和关闭 ARP 协议。

```
[root@tianyun ~]# ifconfig eth0 arp
[root@tianyun ~]# ifconfig eth0 -arp
```

ifconfig eth0 arp 表示开启网卡 eth0 的 arp 协议，ifconfig eth0 –arp 表示关闭网卡 eth0 的 arp 协议。

例 9-28　设置最大传输单元。

```
[root@tianyun ~]# ifconfig eth0 mtu 1480
[root@tianyun ~]# ifconfig
eth0    Link encap:Ethernet HWaddr 00:50:56:BF:26:1F
        inet addr:192.168.120.203 Bcast:192.168.120.255 Mask:255.255.255.0
        UP BROADCAST RUNNING MULTICAST MTU:1480 Metric:1
        RX packets:8712395 errors:0 dropped:0 overruns:0 frame:0
        TX packets:36631 errors:0 dropped:0 overruns:0 carrier:0
        collisions:0 txqueuelen:1000
        RX bytes:597062089 (569.4 MiB)  TX bytes:2643973 (2.5 MiB)
lo      Link encap:Local Loopback
        inet addr:127.0.0.1 Mask:255.0.0.0
        UP LOOPBACK RUNNING MTU:16436 Metric:1
        RX packets:9973 errors:0 dropped:0 overruns:0 frame:0
        TX packets:9973 errors:0 dropped:0 overruns:0 carrier:0
        collisions:0 txqueuelen:0
        RX bytes:518096 (505.9 KiB)  TX bytes:518096 (505.9 KiB)
[root@tianyun ~]# ifconfig eth0 mtu 1500
[root@tianyun ~]# ifconfig
eth0    Link encap:Ethernet  HWaddr 00:50:56:BF:26:1F
```

```
        inet addr:192.168.120.203  Bcast:192.168.120.255 Mask:255.255.255.0
        UP BROADCAST RUNNING MULTICAST MTU:1500 Metric:1
        RX packets:8712548 errors:0 dropped:0 overruns:0 frame:0
        TX packets:36685 errors:0 dropped:0 overruns:0 frame:0
        collisions:0 txqueuelen:1000
        RX bytes:597072333 (569.4 MiB)  TX bytes:2650581 (2.5 MiB)
lo      Link encap:Local Loopback
        inet addr:127.0.0.1 Mask:255.0.0.0
        UP LOOPBACK RUNNING MTU:16436 Metric:1
        RX packets:9973 errors:0 dropped:0 overruns:0 frame:0
        TX packets:9973 errors:0 dropped:0 overruns:0 carrier:0
        collisions:0 txqueuelen:0
        RX bytes:518096 (505.9 KiB)  TX bytes:518096 (505.9 KiB)
```

9.1.8 ss 显示连接状态命令

查看服务器连接数一般都使用 netstat 命令。ss 命令的优势在于它能够显示更多、更详细关于 TCP 和连接状态的信息，而且比 netstat 更快速、更高效。

ss 是 Socket Statistics 的缩写。顾名思义，ss 命令可以用来获取 socket 统计数据，它可以显示 PACKET 套接字、TCP 套接字、UDP 套接字、DCCP 套接字、RAW 套接字、UNIX 域套接字等的统计信息，而且允许显示和 netstat 类似的内容。

ss 快的秘诀在于，它利用了 TCP 协议栈中 tcp_diag。tcp_diag 是用于分析统计的模块。可以获得 Linux 内核中第一手信息，这就确保了 ss 的快捷高效。当然，如果系统中没有 tcp_diag，ss 也可以正常运行，速度会变得稍慢，但仍然比 netstat 快。

ss 命令的语法格式为：

```
ss [参数]
```

或：

```
ss [参数] [过滤]
```

ss 命令参数详解如表 9.13 所示。

表 9.13　　　　　　　　　　　　　**ss 命令参数详解**

参数	含义
-h	--help 帮助信息
-V	--version 程序版本信息
-n	--numeric 不解析服务名称
-r	--resolve 解析主机名
-a	--all 显示所有套接字
-l	--listening 显示监听状态的套接字
-o	--options 显示计数器信息

参数	含义
-e	--extended 显示详细的套接字信息
-m	--memory 显示套接字的内存使用情况
-p	--processes 显示使用套接字的进程
-i	--info 显示 TCP 内部信息
-s	--summary 显示套接字使用概况
-4	--ipv4 仅显示 IPv4 的套接字
-6	--ipv6 仅显示 IPv6 的套接字
-0	--packet 显示 PACKET 套接字
-t	--tcp 仅显示 TCP 套接字
-u	--udp 仅显示 UDP 套接字
-d	--dccp 仅显示 DCCP 套接字
-w	--raw 仅显示 RAW 套接字
-x	--Unix 仅显示 UNIX 套接字
-f	--family=FAMILY 显示 FAMILY 类型的套接字，FAMILY 可选，支持 UNIX、inet、inet6、link、netlink
-A	--query=QUERY，--socket=QUERY 查看某种类型 QUERY : ={all|inet|tcp|udp|raw|Unix|packet|netlink}[,QUERY]
-D	--diag=FILE 将原始 TCP 套接字信息存储到文件
-F	--filter=FILE 使用此参数指定过滤规则文件过滤某种状态的连接 FILTER :=[stat TCP-STATE] [EXPRESSION]

下面是一些常见的 ss 命令。

ss -l 显示本地打开的所有端口

ss -pl 显示每个进程具体打开的 socket

ss -t -a 显示所有 TCP socket

ss -u -a 显示所有 UDP socket

ss -o state established '(dport =:smtp or sport = :smtp)' 显示所有已建立的 SMTP 连接

ss -o state established '(dport =: http or sport =:http)' 显示所有已建立的 HTTP 连接

ss -X src /tmp/.X11-Unix/* 找出所有连接 X 服务器的进程

ss -S 列出当前 socket 详细信息

以下具体说明 ss 命令参数的用法，具体如下所示。

例 9-29　显示出所有的连接。

```
[root@tianyun ~]# ss | less
Netid  State  Recv-Q  Send-Q    Local Address:Port          Peer Address:Port
u_str  ESTAB  0       0              * 207499               * 207500
u_str  ESTAB  0       0         @/tmp/dbus-HulwP2Cqbm 207393    *207392
u_str  ESTAB  0       0         @/tmp/.X11-Unix/X0 206529    * 206528
u_str  ESTAB  0       0              * 206446               * 206447
```

```
u_str    ESTAB    0    0    @/tmp/dbus-HulwP2Cqbm 205775         * 205774
u_str    ESTAB    0    0    @/tmp/dbus-HulwP2Cqbm 205578         * 205577
u_str    ESTAB    0    0    @/tmp/dbus-HulwP2Cqbm 207082         * 207081
u_str    ESTAB    0    0    @/dbus-vfs-daemon/socket-eEA5oIcY 228375    *0
u_str    ESTAB    0    0                  * 206971               * 206972
u_str    ESTAB    0    0                  * 205301               * 205302
u_str    ESTAB    0    0    @/tmp/dbus-HulwP2Cqbm 206668         * 206667
u_str    ESTAB    0    0    @/dbus-vfs-daemon/socket-rCip3gc7 205882    * 205881
u_str    ESTAB    0    0                  * 205170               * 205171
u_str    ESTAB    0    0                  * 7967                 * 7968
```

例 9-30   过滤出 TCP 连接。

```
[root@tianyun ~]# ss -at
State        Recv-Q    Send-Q    Local Address:Port       Peer Address:Port
LISTEN       0         5         127.0.0.1:domain         *:*
LISTEN       0         128       127.0.0.1:ipp            *:*
CLOSE-WAIT   1         0         192.168.42.250:58390     103.245.222.184:http
TIME-WAIT    0         0         192.168.10.148:56833     74.125.236.99:http
CLOSE-WAIT   1         0         192.168.10.140:35766     103.245.222.184:http
CLOSE-WAIT   1         0         192.168.42.250:58392     103.245..222.184:http
TIME-WAIT    0         0         192.168.10.148:49839     23.57.219.27:http
ESTAB        0         0         192.168.10.148:53060     173.194.36.41:https
CLOSE-WAIT   1         0         192.168.10.140:35765     103.245.222.184:http
TIME-WAIT    0         0         192.168.10.148:47000     74.125.28.100:http
CLOSE-WAIT   1         0         192.168.42.250:58391     103.245.222.184:http
TIME-WAIT    0         0         192.168.10.148:38878     173.194.36.46:http
CLOSE-WAIT   1         0         192.168.10.140:35763     103.245.222.184:http
CLOSE-WAIT   1         0         192.168.10.140:35764     103.245.222.184:http
CLOSE-WAIT   1         0         192.168.42.250:58389     103.245.222.184:http
LISTEN       0         128              ::1:ipp               :::*
CLOSE-WAIT   1         0              ::1:55327             ::1:ipp
```

例 9-31   过滤出 UDP 连接。

```
[roo@tianyun ~]# ss -au
State        Recv-Q    Send-Q    Local Address:Port       Peer Address:Port
UNCONN       0         0         *:58718                  *:*
UNCONN       0         0         127.0.1.1:domain         *:*
UNCONN       0         0         *:bootpc                 *:*
UNCONN       0         0         *:mdns                   *:*
UNCONN       0         0         *:27412                  *:*
UNCONN       0         0            :::62912              :::*
UNCONN       0         0            :::mdns               :::*
UNCONN       0         0            :::46372              :::*
```

为了加快输出的速度，用"n"选项防止 ss 解析 IP 地址到主机名，这同样阻止了对端口名的解析。

例 9-32   不解析主机名。

```
[root@tianyun ~]# ss -nt
```

```
State            Recv-Q    Send-Q    Local Address:Port        Peer Address:Port
CLOSE-WAIT       1         0         192.168.42.250:58390      103.245,222,184:80
ESTAB            0         0         192.168.10.148:56390      63.245.216.132:443
CLOSE-WAIT       1         0         192.168.10.140:35766      103.245.222.184:80
CLOSE-WAIT       1         0         192.168.42.250:58392      103.245.222.184:80
CLOSE-WAIT       1         0         192.168.10.140:35765      103.245.222.184:80
CLOSE-WAIT       1         0         192.168.42.250:58391      103.245.222.184:80
CLOSE-WAIT       1         0         192.168.10.140:35763      103.245.222.184:80
CLOSE-WAIT       1         0         192.168.10.140:35764      103.245.222.184:80
CLOSE-WAIT       1         0         192.168.42.250:58389      103.245.222.184:80
CLOSE-WAIT       1         0         ::1:55327                 ::1:631
```

例 9-33　只显示监听的套接字。

```
[root@tianyun ~]# ss -ntl
State      Recv-Q    Send-Q    Local Address:Port       Peer Address:Port
LISTEN     0         5         127.0.0.1:53             *:*
LISTEN     0         128       127.0.0.1:631            *:*
LISTEN     0         128       ::1:631                  ::*
```

例 9-34　打印进程名、进程号。

```
[root@tianyun ~]# ss -ltp
State      Recv-Q    Send-Q    Local Address:Port       Peer Address:Port
LISTEN     0         5         127.0.0.1:domain    *:*    users:(("dnsmasq",1199,5))
LISTEN     0         128       127.0.0.1:ipp       *:*    users:(("cupsd",793,10))
LISTEN     0         128       ::1:ipp             :::*   users:(("cupsd",793,9))
```

例 9-35　打印统计概要。

```
[root@tianyun ~]# ss -s
    Total:  648 (kernel 0)
    TCP:    12 (estab 0, closed 0, orphaned 0, synrecv 0, timewait 0/0), ports 0
    Transport Total      IP      IPv6
*           0          -        -
RAW         0          0        0
UDP         8          5        3
TCP         12         10       2
INET        20         25       5
FRAG        0          0        0
```

例 9-36　可以通过-4 选项只显示与 IPv4 套接字对应的信息。在本例中，还使用-l 选项列出了在 IPv4 地址上监听的所有内容。

```
[root@tianyun ~]# ss -l4
Netid    State     Recv-Q    Send-Q    Local Address:Port Peer Address:Port
tcp      LISTEN    0         128       *:http             *:*
tcp      LISTEN    0         100       127.0.0.1:smtp     *:*
tcp      LISTEN    0         128       *:ent exthigh      *:*
tcp      LISTEN    0         128       178.28.204.62:zabbix-trapper  *:*
tcp      LISTEN    0         128       127.0.0.1:cslistener   *:*
```

例 9-37　可以使用-6 选项只显示与 IPv6 套接字相关信息。在本例中，还使用-1 选项列出了在 IPv6 地址上监听的所有内容。

```
[root@tianyun ~]# ss -16
Netid   State     Recv-Q   Send-Q   Local Address:Port        Peer Address:Port
udp     UNCONN    0        0        :::ipv6-icmp              :::*
udp     UNCONN    0        0        :::ipv6-icmp              :::*
udp     UNCONN    0        0        :::21581                  :::*
tcp     LISTEN    0        80       :::mysql                  :::*
tcp     LISTEN    0        100      ::1:smtp                  :::*
tcp     LISTEN    0        128      :::ent exthigh            :::*
```

例 9-38　列出处在 time-wait 状态的 IPv4 套接字。

```
[root@tianyun ~]# ss -t4 state time-wait
Recv-Q   Send-Q      Local Address:Port        Peer Address:Port
0        0           192.168.1.2:42261         199.59.150.39:https
0        0           127.0.0.1:43541           127.0.0.1:2633
```

例 9-39　显示所有源端口或目的端口为 SSH 的套接字。

```
[root@tianyun ~]#  ss -at '(dport = :ssh or sport = :ssh)'
State     Recv-Q   Send-Q   Local Address:Port     Peer Address:Port
LISTEN    0        128      *:ssh                  *:*
LISTEN    0        128      :::ssh                 :::*
```

例 9-40　显示目的端口是 443 或 80 的套接字。

```
[root@tianyun ~]# ss -nt '(dst:443 or dst:80)'
State        Recv-Q   Send-Q   Local Address:Port     Peer Address:Port
CLOSE-WAIT   1        0        192.168.42.250:58390   103.245.222.184:80
CLOSE-WAIT   1        0        192.168.10.140:35766   103.245.222.184:80
CLOSE-WAIT   1        0        192.168.42.250:58392   103.245.222.184:80
CLOSE-WAIT   1        0        192.168.10.140:35765   103.245.222.184:80
CLOSE-WAIT   1        0        192.168.42.250:58391   103.245.222.184:80
CLOSE-WAIT   1        0        192.168.10.140:35763   103.245.222.184:80
CLOSE-WAIT   1        0        192.168.10.140:35764   103.245.222.184:80
CLOST-WAIT   1        0        192.168.42.250:58389   103.245.222.184:80
```

例 9-41　对地址和端口进行过滤。

```
[root@tianyun ~]# ss -nt dst 103.245.222.184:80
State        Recv-Q   Send-Q   Local Address:Port        Peer Address:Port
CLOSE-WAIT   1   0    192.168.42.250:58390      103.245.222.184:80
CLOSE-WAIT   1   0    192.168.10.140:35766      103.245.222.184:80
CLOSE-WAIT   1   0    192.168.42.250:58392      103.245.222.184:80
CLOSE-WAIT   1   0    192.168.10.140:35765      103.245.222.184:80
CLOSE-WAIT   1   0    192.168.42.250:58391      103.245.222.184:80
CLOSE-WAIT   1   0    192.168.10.140:35763      103.245.222.184:80
CLOSE-WAIT   1   0    192.168.10.140:35764      103.245.222.184:80
```

```
CLOSE-WAIT  1   0      192.268.42.250:58389      103.245.222.184:80
```

例 9-42　-m 选项可用于显示每个套接字使用的内存量，显示套接字内存使用情况。

```
[root@tianyun ~]# ss -ltm
State   Recv-Q   Send-Q   Local Address:Port   Peer Address:Port
LISTEN  0  128     *:http    *:*skmem:(r0,rb87380,t0,tb16384,f0,w0,o0,b10)
LISTEN  0  100 127.0.0.1:smtp *:*skmem:(r0,rb87380,t0,tb16384,f0,w0,o0,b10)
LISTEN  0  128 *:entexthigh *:*skmem:(r0,rb87380,t0,tb16384,f0,w0,o0,b10)
LISTEN  0  120  172.28.204.62:zabbix-trapper *:*skmem:(r0,rb87380,t0,tb16384,f0,
w0,o0,b10)
LISTEN0 128 127.0.0.1:cslistener  *:*skmem:(r0,rb87380,t0,tb16384,f0,w0,o0,b10)
LISTEN  0  80 :::mysql  *:*skmem:(r0,rb87380,t0,tb16384,f0,w0,o0,b10)
LISTEN  0  100 ::1:smtp *:*skmem:(r0,rb87380,t0,tb16384,f0,w0,o0,b10)
LISTEN  0  128 :::entexthigh *:*skmem:(r0,rb87380,t0,tb16384,f0,w0,o0,b10)
```

ss 还可以指定一个套接字的状态，表示只显示打印这个状态下的信息。例如，可以指定包括已建立连接状态、监听状态或关闭状态等。以下示例显示了已建立连接状态的 TCP 信息，具体如下所示。

例 9-43　显示套接字内存使用情况。

```
[root@tianyun ~]# ss -t state established
Recv-Q  Send-Q   Local Address:Port        Peer Address:Port
0       52       172.28.204.67:ssh         123.125.71.38:49518
0       0        ::ffff:172.28.204.67:http ::ffff:123.125.71.38.49237
```

例 9-44　根据端口进行过滤。通过过滤还可以列出小于（lt）、大于（gt）、等于（eq）、不等于（ne）、小于或等于（le）及大于或等于（ge）某个数字的所有端口。以下命令显示端口为 500 及以下的所有端口。

```
[root@tianyun ~]# ss -ltn sport le 500
State   Recv-Q    Send-Q    Local Address:Port    Peer Address:Port
LISTEN  0         128       *:80                  *:*
LISTEN  0         100       127.0.0.1:25          *:*
LISTEN  0         100       ::1:25                :::*
```

为了进行比较，可以执行反向操作，即查看大于 500 的所有端口。

```
[root@tianyun ~]# ss -ltn sport gt 500
State   Recv-Q    Send-Q    Local Address:Port     Peer Address:Port
LISTEN  0         128       *:12002                *:*
LISTEN  0         128       172.28.204.62:10051    *:*
LISTEN  0         128       127.0.0.1:9000         *:*
LISTEN  0         80        :::3306                :::*
LISTEN  0         128       :::12002               :::*
```

还可以根据源或目标端口等进行筛选，例如，搜索具有 SSH 源端口运行的 TCP 套接字。

```
[root@tianyun ~]# ss -t '( sport = ssh )'
```

```
    State       Recv-Q      Send-Q      Local Address:Port      Peer Address:Port
    ESTAB       0           0           172.28.204.66:ssh       123.125.71.38:50140
```

-Z 与-z 选项可用于显示套接字的 SELinux 安全上下文。在下面的例子中，通过使用-t 和-l 选项来列出侦听的 TCP 套接字，使用-Z 选项也可以看到 SELinux 上下文。

例 9-45　显示 SELinux 上下文。

```
[root@tianyun ~]# ss -tlZ
State  Recv-Q   Send-Q  Local Address:Port   Peer Address:Port
LISTEN  0       128        *:sunrpc           *:*
users:(( "systemd" ,pid=1,proc_ctx=system_u:system_r:init_t:s0,fd=71))
LISTEN  0       5        172.28.204.62:domain    *:*
users:(( "dnsmasq",pid=1810,proc_ctx=system_u:system_r:dnsmasq_t:s0-c0.c1023,fd=
6))
LISTEN  0       128        *:ssh                *:*
users:(("sshd",pid=1173,proc_ctx=system_u:system_r:sshd_t:s0-s0:c0.c1023,fd=3))
LISTEN  0       128      127.0.0.1:ipp          *:*
users:(("cupsd",pid=1145,proc_ctx=system_u:system_r:cupsd_t:s0-s0:c0.c1023,fd=12
))
LISTEN  0       100      127.0.0.1:smtp         *:*
users:(("master",pid=1752,proc_ctx=system_u:system_r:postfix_master_t:s0,fd=13))
```

9.1.9　free 显示内存命令

free 命令可以显示 Linux 系统中空闲的、已用的物理内存，swap 内存，以及被内核使用的 buffer。本节学习如何使用 free 命令监控系统的内存情况。

一般使用 free –m 方式查看内存占用情况（以 MB 为单位），free 同样提供了 -b(B)、-k(KB)、 -g(GB)和-tera(TB)这些单位，要显示单位的统计结果，只要选择这个单位符号，在 free 后面跟上即可。下面是一个以 MB 为单位的输出样例，命令显示结果为：

```
[root@tianyun ~]# free -m
                total       used        free      shared    buffers     cached
Mem:            1002        920         81        0         42          375
-/+ buffers/cache:          502         500
Swap:           1020        3           1017
```

free 还提供了-h 选项，与其他选项的最大不同是-h 选项会在数字后面加上人类可读的单位。具体如下所示。

```
[root@tianyun ~]# free -h
        total      used      free     shared    buffers    cached
Mem:    1.0G       929M      72M      0B        43M        383M
-/+ buffers/cache
Swap:   1.0G       3.3M      1.G
```

数字 1.0 后是字母 G(GB)。当数字并没有达到 GB 时，free 会在每个数字后面跟上合适的单位。

系统实际可用内存并不是 free 的部分，而系统实际内存占用以及可用内存有着加减关系。free 命令选项详解如表 9.14 所示。

表 9.14　　　　　　　　　　　　　**free 命令选项详解**

选项	含义
total	内存总数
used	已经使用的内存数
free	空闲的内存数
shared	多个进程共享的内存总额
buffers buffer cache 和 cache page cache	磁盘缓存的大小
-buffers/cache	（已用）的内存数，即 used-buffers-cached
+buffers/cache	（可用）的内存数，即 free+buffers+cached

由此得出结论，可用内存的计算公式为：

可用内存=free+buffers+cached

free 命令参数详解如表 9.15 所示。

表 9.15　　　　　　　　　　　　　**free 命令参数详解**

参数	含义
-h	以人类可读的方式输出统计结果
-t	使用该选项会多显示一行标题为 Total 的统计信息，该行统计的是（used、free、total 的总和）此 Total 与 total 不同
-o（小写）	禁止显示第二行的缓冲区调整值（-/+buffers/cache）
-s	每个多少秒自动刷新结果
-c	与-s 配合使用，控制刷新结果次数
-l	显示高低内存的统计详情
-a	显示可用内存
-V	显示版本号

free 作为状态检查工具，最好的统计内存利用率的方式是使用延迟间隔，这样的话，可以使用-s 选项后面跟上想要间隔的秒数。还可以在后面合并几个选项来使输出内容满足需求。例如，每 3 秒统计一次内存利用率并且适于人类可读，具体如下所示。

例 9-46　free 查看内存。

```
[root@tianyun ~]# free -hs3
              total       used       free     shared  buff/cache  available
Mem:           972M       149M       159M        32M       663M       597M
Swap:          1.0G         0B       1.0G

              total       used       free     shared  buff/cache  available
Mem:           972M       149M       159M        32M       663M       596M
```

```
Swap:        1.0G         0B         1.0G

            total       used       free      shared  buff/cache  available
Mem:        972M        148M       160M        32M       663M        598M
Swap:       1.0G         0B        1.0G
```

例 9-47 统计出内存高低，使用选项-l。

```
[root@tianyun ~]# free -l
        total     used      free    shared    buffers    cached
Mem:  1026740   927948    98792       0      49000      369900
Low:    891628   795816    95812
High:   135112   132132     2980
-/+ buffers/cache:   509048    517692
```

例 9-48 列出每列的统计信息，可以在 free 命令后面加上-t 选项。

```
[root@tianyun ~]# free -t
        total      used      free     shared    buffers    cached
Mem:    1026740   932004    94736       0
-/+ buffers/cache:       512296    514444
Swap:   1045500     344     10422056
```

9.1.10　df 查看磁盘占用命令

Linux 中 df 命令是用来检查 Linux 服务器的磁盘空间占用情况，用该命令获取硬盘被占用了多少空间，还剩余多少空间等信息。

df 命令主要用来显示每个文件系统的信息，包括文件系统，已使用、未使用、已使用空间的占用百分比，以及挂载点等信息。df 命令的功能是显示指定磁盘文件的可用空间，如果没有指定文件名，则显示所有当前被挂载的文件系统的可用空间。默认情况下，磁盘空间将以 KB 为单位进行显示；当指定环境变量 POSIXLY_CORRECT 时，将以 512 字节为单位进行显示。

df 命令的语法格式为：

```
df  [选项]  [文件]
```

df 命令常见参数详解如表 9.16 所示。

表 9.16 **df 命令参数详解**

参数	含义
-a	全部文件系统列表
-B	--block-size 指定单位大小，如 1k、1m 等
-h	以人类易读格式显示，如 GB、MB、KB 等
-H	和"-h"一样，但计算式为 1k=1000，而不是 1k=1024
-i	显示 inode 信息
-k	区块为 1024 字节，以 KB 的容量显示各文件系统，相当于--block-size=1k

续表

参数	含义
-l	只显示本地文件系统
-m	区块为 1048576 字节，以 KB 的容量显示各文件系统，相当于—block-size=1m
--no-sync	忽略 sync 命令
-P	输出格式为 POSIX
--sync	在取得磁盘信息前，先执行 sync 命令
-t	文件系统类型
--block-size	指定区块大小
-t<文件系统类型>	只显示选定文件系统的磁盘信息
-x<文件系统类型>	不显示选定文件系统的磁盘信息
--help	显示帮助信息
--version	显示版本信息

df 命令案例实战如下。

例 9-49　查看磁盘使用情况。

```
[root@tianyun ~]# df
Filesystem      1k-blocks     Used      Available    Use%   Mounted on
/dev/sda7       19840892      890896    17925856     5%     /
/dev/sda9       203727156     112797500 80413912     59%    /opt
/dev/sda8       4956284       570080    4130372      13%    /var
/dev/sda6       19840892      1977568   16839184     11%    /usr
/dev/sda3       988116        23880     913232       3%     /boot
tmpfs           16473212      0         16473212     0%     /dev/shm
```

从以上 Linux 中 df 命令输出结果看出，第 1 列表示文件系统对应的设备文件的路径名（一般是硬盘上的分区），第 2 列表示分区包含的数据块（1024 字节）的数目，第 3、第 4 列分别表示已用的和可用的数据块数目，Mount on 表示列表文件系统的挂载点。用户也许会感到奇怪的是，第 3、第 4 列块数之和不等于第 2 列中的块数，这是因为每个分区都默认留了少量空间供系统管理员使用，即使遇到普通用户空间已满的情况，管理员仍能登录和留有解决问题所需的工作空间。输出结果中 Use% 列表示普通用户空间使用的百分比，即使这一数字达到 100%，分区仍然留有系统管理员使用的空间。

例 9-50　以 inode 模式显示磁盘使用情况。

```
[root@tianyun ~]# df -i
Filesystem      Inode         Used      Available    Use%   Mounted on
/dev/sda7       5124480       5560      5118920      1%     /
/dev/sda9       52592640      50519     52542121     1%     /opt
/dev/sda8       1280000       8799      1271201      1%     /var
/dev/sda6       5124480       80163     5044317      2%     /usr
/dev/sda3       255232        34        255198       1%     /boot
tmpfs           4118303       1         4118302      1%     /deb/shm
```

例 9-51 显示指定类型磁盘。

```
[root@tianyun ~]# df -t ext3
Filesystem      1k-blocks      Used        Available      Use%    Mounted on
/dev/sda7       19840892       890896      17925856       5%      /
/dev/sda9       203727156      93089700    100121712      49%     /opt
/dev/sda8       4956284        570104      41330348       13%     /var
/dev/sda6       19840892       1977568     16839184       11%     /usr
/dev/sda3       988116         23880       913232         3%      /boot
```

例 9-52 列出各文件系统的 i 节点使用情况。

```
[root@tianyun ~]# df -ia
Filesystem      Inode        Used        Available      Use%    Mounted on
/dev/sda7       5124480      5560        5118920        1%
/proc           0            0           0              -       /proc
sysfs           0            0           0              -       /sys
 devpts         0            0           0              -       /dev/pts
/dev/sda9       52592640     50519       52542121       1%      /opt
/dev/sda8       1280000      8799        1271201        1%      /var
/dev/sda6       5124480      80163       5044317        2%      /usr
/dev/sda3       255232       34          255198         1%      /boot
tmpfs           4118303      1           4118302        1%      /dev/shm
none            0            0           0              -  /proc/sys/fs/binfmt_misc
```

例 9-53 列出文件系统的类型。

```
[root@tianyun ~]# df -T
Filesystem      Type     1k-blocks     Used        Available     Use%    Mounted on
/dev/sda7       ext3     19840892      890896      17925856      5%      /
/dev/sda9       ext3     203727156     93175692    100035720     49%     /opt
/dev/sda8       ext3     4956284       570104      4130348       13%     /var
/dev/sda6       ext3     19840892      1977568     16839184      11%     /usr
/dev/sda3       ext3     988116        23880       913232        3%      /boot
tmpfs           tmpfs    16473112      0           16473212      0%      /dev/shm
```

例 9-54 -h 选项以人类易读的方式显示目前磁盘空间的使用情况。

```
[root@tianyun ~]# df -h
Filesystem      Size      Used      Available     Use%    Mounted on
/dev/sda7       19G       871M      18G           5%      /
/dev/sda9       195G      89G       96G           49%     /opt
/dev/sda8       4.8G      557M      4.0G          13%     /var
/dev/sda6       19G       1.9G      17G           11%     /usr
/dev/sda3       965M      24M       892M          3%      /boot
Tmpfs           16G       0         16G           0%      /dev/shm
```

-H 和-h 参数不同，两者之间的转换是 1000，而不是 1024。

例 9-55 -H 显示磁盘占用情况。

```
[root@tianyun ~]# df -H
Filesystem          Size      Used        Available      Use%      Mounted on
/dev/sda7           21G       913M        19G            5%        /
/dev/sda9           209G      96G         103G           49%       /opt
/dev/sda8           5.1G      584M        4.3G           13%       /var
/dev/sda6           21G       2.1G        18G            11%       /usr
/dev/sda3           1.1G      25M         936M           3%        /boot
tmptfs              17G       0           17G            0%        /dev/shm
```

例 9-56 -1 显示本地分区的磁盘空间使用率。

```
[root@tianyun ~]# df -h
Filesystem          Size      Used        Available      Use%      Mounted on
/dev/sda7           19G       87M         18G            5%        /
/dev/sda9           195G      89G         96G            49%       /opt
/dev/sda8           4.8G      557M        4.0G           13%       /var
/dev/sda3           965M      24M         892M           3%        /boot
tmpfs               16G       0           16G            0%        /dev/shm
```

例 9-57 -k 以单位显示磁盘的使用情况。

```
[root@tianyun ~]# df -k
Filesystem          1k-blocks     Used          Available      Use%      Mounted on
/dev/sda7           19840892      890896        17925856       5%        /
/dev/sda9           203727156     93292572      99918840       49%       /opt
/dev/sda8           4956284       570188        4130264        13%       /var
/dev/sda6           988116        23880         913232         3%        /boot
Tmptfs              16473212      0             16473212       0%        /dev/shm
```

9.1.11 dstat 动态显示系统负载命令

dstat 命令工具默认情况下会动态显示 CPU、disk、net、page、system 负载情况，每秒收集一次。如果系统没有这个工具，只需 yum –y install 安装下即可。

dstat 命令的语法格式如下：

```
dstat [-afv] [options…] [delay [count]]
```

dstat 命令参数详解如表 9.17 所示。

表 9.17   **dstat 命令参数详解**

参数	含义
-c	--cpu，统计 CPU 状态，包括 user、system、空闲等待时间百分比（idle）、等待磁盘 I/O（wait）、硬件中断（hardware interrupt）、软件中断（software interrupt）等
-d	--disk 统计磁盘读写状态
-D total	sda 统计指定磁盘或汇总信息
-l	--load 统计系统负载情况，包括 1 分钟、5 分钟、15 分钟平均值

参数	含义
-m	--mem 统计系统物理内存使用情况，包括 used、buffers、cache、free
-s	--swap 统计已使用和剩余量
-n	-net 统计网络使用情况，包括接收和发送数据
-N eth1,total	统计 eth1 接口汇总流量
-r	--io 统计 I/O 请求，包括读写请求
-p	--proc 统计进程信息，包括 runnable、uninterruptible、new
-y	--sys 统计系统信息，包括中断、上下文切换
-t	显示统计时间，对分析历史数据非常有用
--fs	统计文件打开数和 inode 数
-a	此为默认选项，等同于-cdngy
--ipc	IPC 状态（消息队列、信号、共享内存）
--lock	文件锁状态（posix、flock、read、write）
--raw	原始套接字信息
--socket	套接字信息（所有的、TCP、UDP、原始的、IP 片段的）
--tcp	TCP 状态（listen、established、syn、time_wait、close）
--udp	UDP 状态（listen、active）
--unix	UNIX 接口状态（datagram、stream、listen、active）
--vm	虚拟内存信息（hard、pagefaults、softpagefaults、allocated、free）硬页面错误、软页面错误、分配的、未分配的
delay	两次输出之间的时间间隔，默认是 1s
count	报告输出的次数，默认是没有限制，一直输出直到按 Ctrl+c

dstat 命令监测界面如图 9.2 所示。

```
----total-cpu-usage---- -dsk/total- -net/total- ---paging-- ---system--
usr sys idl wai hiq siq| read  writ| recv  send|  in   out |  int   csw
 14   4  82   0   0   0|  69k  654k|    0     0| 988B 2172B|  11k   19k
 34   4  59   2   0   0|7808k   36M|  63k   53k|   0     0 |  14k   22k
 34   5  58   3   0   0|8192k  644k|  17k   35k|   0   608k|  14k   22k
 29   5  64   2   0   0|7680k  404k|2930B 9921B|   0     0 |  13k   22k
 32   5  60   2   0   0|7552k  500k|  44k   11k|   0   500k|  14k   22k
```

图 9.2　dstat 命令监测界面

dstat 命令参数详解如表 9.18 所示。

表 9.18　　　　　　　　　　　　　　　dstat 命令监控参数详解

参数	含义
usr	用户进程消耗的 CPU 时间百分比，当 usr 的值比较高时，说明用户进程消耗的 CPU 时间多。如果长期超过 50%的使用，那么就要考虑优化程序进行加速
sys	内核进程消耗的 CPU 时间百分比，当 sys 的值高时，说明系统内核消耗的 CPU 资源多
idl	CPU 处在空闲状态时间百分比
wai	I/O 等待消耗的 CPU 时间百分比，当 wai 的值高时，说明 I/O 等待比较严重，这可能由磁盘大量随机访问造成的，也可能是磁盘的带宽出现了瓶颈
hiq	硬中断

续表

参数	含义
siq	软中断
read	磁盘读操作数
writ	磁盘写操作数
recv	接受请求数
send	发送请求数
in	每秒产生中断的次数
out	系统分页
int	系统中断次数
csw	每秒上下文切换次数
swpd	切换到交换内存上的内存（默认以 KB 为单位）如果 swpd 的值不为 0，但 si、so 的值长期为 0，也不影响系统性能
free	空闲的物理内存
buff	作为 buffer cache 的内存，对块设备的读写进行缓冲
cache	作为 page cache 的内存，文件系统的 cache。当 cache 的值大时，说明 cache 中文件数多，如果频繁访问到的文件都能被 cache 中，那么磁盘的读 I/O bi 会非常小
si	交换内存使用，由磁盘调入内存。内存够用的使用，si 和 so 值为 0，如果值长期大于 0，系统性能会受到影响，磁盘 I/O 和 CPU 资源都会被消耗
so	交换内存使用，由内存调入磁盘
bi	从块设备读入的数据总量（读磁盘）（KB/s）
bo	写入到块设备的数据总量（写磁盘）（KB/s）

例 9-58　显示整体 CPU 资源使用情况。

```
[root@tianyun ~]# dstat -cyl -proc-count -top-cpu
 ---total-cpu-usage--- ---system-- ---load-avg--- proc -most-expensive-
usr sys  idl  wai hiq siq |  int   csw| 1m  5m 15m|tota | cpu process
0  0  99   0  0  0 | 1532 2001 |0.02 0.03 0 |258| filebeat 0.1
0  0  100  0  0  0 | 603 1147 |0.02 0.03 0 |258|
0  0  100  0  0  0 | 526 985 |0.02 0.03 0 |258| java 0.1
0  0  100  0  0  0 | 6931137 |0.02 0.03 0 |258| java 0.1
```

例 9-59　显示内存资源使用情况。

```
[root@tianyun ~]# dstat -gmls -top-mem
 ---paging--- ---load-avg-- ---memory-usage--- ----swap--- --most-expensive-
in out  | 1m  5m 15m| used buff  cache free | used free | memory process
70B 354B |0.01 0.03 0| 11.8G 200M 18.7G 324M |113M 63G |java  3463M
0  0  | 0.01 0.03 0| 11.8G 200M 18.7G 324M |113M 63G |258| java  3463M
0  0  |0.01 0.03 0| 11.8G 200M 18.7G 323M  |113M 63G |258| java 3463M
0  0  |0.09 0.04 0 0.01 |11.8G 200M 18.7G 314M  |113M 63G |258| java3463M
```

例 9-60　指定输出一个从 csv 文件。

```
[root@tianyun ~]# dstat --output ~/test.csv
```

```
---total-cpu-usage--- -dsk/total- -net/total- ---paging-- ---system--
usr sys  idl  wai hiq siq | read  writ| recv send |in  out | int csw
0  0  99   0  0  0 | 5741B 149k |0   0 |70B  354B| 1532 2000
0  0  100  0  0  0 | 0    52k |660k 12k |0    0| 966 1311
0  0  100  0  0  0 | 0     0 |4499B 3391B |0    0| 685 1156
0  0  100  0  0  0 | 0     0 |3397B 2348B |0    0| 582 1031
0  0  100  0  0  0 | 0     0 |2240B 2088B |0    0| 802 1405
```

9.1.12　iotop 查看 I/O 命令

若想确定哪个进程产生了 I/O ，就需要利用 iotop 工具进行查看。iotop 命令可以查看 I/O 统计信息排序，追踪到具体的进程，显示当前进程或者线程的使用率。

iotop 命令的语法格式为：

```
iotop [options]
```

iotop 命令参数详解如表 9.19 所示。

表 9.19　　　　　　　　　　　　　**iotop 命令参数详解**

参数	含义
-v	--version 显示版本号
-h	--help 显示帮助用法
-o	--only 只显示正在产生 I/O 的进程活线程，除了传参，可以在运行过程中按 o 生效
-b	--batch 非交互模式，一般用来记录日志
-n NUM	--iter=NUM 设置监测的次数，默认无限，一般在非交互式下使用
-d SEC	--delay=SEC 设置每次监测的间隔，默认 1 秒
-p PID	--pid=PID 指定监测的进程或线程
-u USER	--user=USER 指定监测某个用户产生的 I/O
-p	--process 仅显示进程，默认 iotop 显示所有线程
-a	--accumulated 显示累积的 I/O，而不是带宽
-k	--kilobytes 使用 KB 单位，在非交互式模式下，脚本编程有用
-t	--time 在非交互式模式下，加上时间戳
-q	--quiet 禁止头几行，非交互式模式，有三种指定方式。-q 表示只在第一次监测时显示列名，-qq 永远不显示列名，-qqq 永远不显示 I/O 汇总

iotop 常用的快捷键详解如表 9.20 所示。

表 9.20　　　　　　　　　　　　**iotop 常用的快捷键详解**

参数	含义
左右箭头	改变排序方式，默认是 I/O 排序
r	改变排列顺序
o	只显示有 I/O 输出的进程
p	切换进程或线程的显示方式

参数	含义
a	显示累积使用量
q	退出
i	改变线程的优先级

例 9-61 iotop 命令显示结果。

```
[root@tianyun ~]# iotop
Total Disk READ: 43.14M/s | Total DISK WRTIE: 0.00 B/s
  TID PRIO USER     DISK READ DISK WRITE  SWAPIN    IO>    COMMAND
 8275  be/4 root    43.12 M/s   0.00  B/s    0.00 %   84.28 %  dd if=/dev/sda
of=/dev/null
 8281  be/4 root    18.65 K/s   0.00  B/s    0.00 %    3.24 %  python/usr/bin/iotop
   1  be/4 root     0.00 B/s    0.00 B/s     0.00 %    0.00 %  init
   2  be/4 root     0.00 B/s    0.00 B/s     0.00 %    0.00 %  [kthreadd]
   3  rt/4 root     0.00 B/s    0.00 B/s     0.00 %    0.00 %  [migration/0]
   4  be/4 root     0.00 B/s    0.00 B/s     0.00 %    0.00 %  [ksoftirqd/0]
   5  rt/4 root     0.00 B/s    0.00 B/s     0.00 %    0.00 %  [migration/0]
   6  rt/4 root     0.00 B/s    0.00 B/s     0.00 %    0.00 %  [watchdog/0]
   7  be/4 root     0.00 B/s    0.00 B/s     0.00 %    0.00 %  [events/0]
   8  be/4 root     0.00 B/s    0.00 B/s     0.00 %    0.00 %  [cgroup]
   9  be/4 root     0.00 B/s    0.00 B/s     0.00 %    0.00 %  [khelper]
  10  be/4 root     0.00 B/s    0.00 B/s     0.00 %    0.00 %  [netns]
  11  be/4 root     0.00 B/s    0.00 B/s     0.00 %    0.00 %  [async/mgr]
  12  be/4 root     0.00 B/s    0.00 B/s     0.00 %    0.00 %  [pm]
  13  be/4 root     0.00 B/s    0.00 B/s     0.00 %    0.00 %  [sync_supers]
  14  be/4 root     0.00 B/s    0.00 B/s     0.00 %    0.00 %  [bdi-default]
  15  be/4 root     0.00 B/s    0.00 B/s     0.00 %    0.00 %  [kintegrityd/0]
  16  be/4 root     0.00 B/s    0.00 B/s     0.00 %    0.00 %  [kblockd/0]
  17  be/4 root     0.00 B/s    0.00 B/s     0.00 %    0.00 %  [kacpid]
  18  be/4 root     0.00 B/s    0.00 B/s     0.00 %    0.00 %  [kacpi_notify]
  19  be/4 root     0.00 B/s    0.00 B/s     0.00 %    0.00 %  [kacpi_hotplug]
  20  be/4 root     0.00 B/s    0.00 B/s     0.00 %    0.00 %  [ata/0]
  21  be/4 root     0.00 B/s    0.00 B/s     0.00 %    0.00 %  [ata_aux]
```

以上输出结果显示什么程序在读写磁盘、速度、命令行、PID 等信息。

9.1.13 iftop 实时监控命令

iftop 是一款实时流量监控工具、监控 TCP/IP 连接、显示端口、反向解析 IP 地址等, 但 iftop 有个缺点是必须以 root 身份才能运行, 且没有报表功能, 可以通过 yum -y install iftop 在系统上安装。

iftop 命令参数详解如表 9.21 所示。

表 9.21   **iftop 命令参数详解**

参数	含义
-i	设定监测的网卡。例如, iftop -i eth1

参数	含义
-B	以字节（bytes）为单位显示流量（默认是 bits）。例如，iftop -B
-n	使主机信息默认显示 IP 地址。例如，iftop -n，不进行 DNS 解析
-N	使端口信息默认显示端口。例如，iftop -N，不显示服务名称
-F	显示特定网段的进出流量。例如，iftop -F 10.10.1.0/24 或 iftop -F 10.10.1.0/255.255.255.0
-h	显示参数帮助信息
-p	使用这个参数后，中间的列表显示本地主机信息，出现了本机以外的 IP 信息
-b	使流量图形条默认显示
-f	过滤包
-P	默认显示主机信息及端口信息
-m	设置界面最上边刻度的最大值，刻度分五个大段显示。例如，iftop -m 100M

例 9-62　iftop 输出含义。

```
[root@tianyun ~]# iftop -N -n -I eth1
#第一行显示带宽
                 19.1Mb          38.1Mb          57.2Mb          76.3Mb          95.4Mb
    +---------------------------+----------------------+---------------------+----------------+
    ----------------+----------------------
#中间部分左边表示外部连接列表，即记录了哪些 IP 地址正在和本机的网络连接，中间部分右边实时参数分
别是该访问 IP 地址连接到本机 2 秒、10 秒、40 秒的平均流量，=>表示发送数据，<=表示接收数据
    192.168.1.11                        =>192.168.1.66      5.3Mb    3.22Mb   3.20Mb
                                        <=                  219kb    45.7kb   49.3kb
    192.168.1.11                        =>192.168.1.29      144kb    30.8kb   29.6kb
                                        <=
    192.168.1.11                        =>12.2.11.71        0b       6.40kb   6.66kb
                                        <=                  0b       0b       0b
    192.168.1.11                        =>192.168.1.8       2.63kb   1.43kb   932b
                                        <=                  1.31kb   1.05kb   893b
    192.168.1.11                        =>192.168.2.78      2.53kb   1.54kb   2.15kb
                                        <=                  160b     160b     187b
    192.168.1.11                        =>111.126.195.69    0b       166b     69b
                                        <=                  0b       0b       0b
    -----------------------------------------------------------------------------------
    -------------------------------------------
#表示发送，接收和全部的流量，第二列表示运行 iftop 到目前流量，第三列为高峰值，第四列为平均值
    TX:          cum:  9.70MB   peak:   15.6Mb        rates:  15.4Mb  3.26Mb  3.23Mb
    RX:                8.38MB           14.9Mb                11.5Mb  2.42Mb  2.79Mb
    TOTAL:             18.1MB           30.5Mb                27.0Mb  5.69Mb  6.03Mb
```

iftop 的流量显示单位是 Mb，这个 b 是位（bit），而 KB 单位中的 B 是字节（bytes），bytes 是 bit 的 8 倍。

iftop 界面操作命令详解如表 9.22 所示。操作命令区分大小写。

表 9.22 iftop 界面操作命令详解

参数	含义
h	按 h 切换是否显示帮助
n	按 n 切换显示本机的 IP 地址或主机名
s	按 s 切换是否显示本机的主机信息
d	按 d 切换显示远端目标主机的主机信息
t	按 t 切换显示格式为 2 行/1 行/只显示发送流量/只显示接收流量
N	按 N 切换显示端口或端口服务名称
S	按 S 切换是否显示本机的端口信息
D	按 D 切换是否显示远端目标主机的端口信息
p	按 p 切换是否显示端口信息
b	按 b 切换是否显示平均流量图形条
B	按 B 切换计算 2 秒、10 秒、40 秒内的平均流量
T	按 T 切换是否显示每个连接的总流量
l	按 l 打开屏幕过滤功能，输入要过滤的字符，比如 IP 地址，按回车后，屏幕就只显示这个 IP 地址相关的流量信息
L	按 L 切换显示画面上边的刻度，刻度不同，流量图形条会有变化
j 或 k	按 j 或按 k 可以向上或向下滚动屏幕显示的连接记录
1 或 2 或 3	按 1、2、3 可以根据右侧显示的三列流量数据进行排序
<	按<根据左边的本机名或 IP 地址排序
>	按>根据远端目标主机的主机名或 IP 地址排序
o	按 o 切换是否固定只显示当前的连接
f	按 f 可以编辑过滤代码
!	按!可以使用 Shell 命令
q	按 q 退出监控

9.2 项目系统资源性能瓶颈脚本

当系统资源达到瓶颈，Linux 服务器敲命令反应慢，网站访问慢。在监控系统情况下，可以直接通过 Web 页面可视化看出是 CPU 瓶颈、硬盘瓶颈，还是网络瓶颈。这时要登录到服务器，一条一条的敲命令，查看分析性能瓶颈，但是 Linux 性能瓶颈命令烦琐，为以后方便使用，可以就编写使用脚本。此脚本实现了以下功能。

（1）查看 CPU 利用率与负载（top、vmstat、sar）。

（2）查看磁盘、Inode 利用率与 I/O 负载（df、iostat、iotop、sar、dstat）。

（3）查看内存利用率（free、vmstat）。

（4）查看 TCP 连接状态（netstat、ss）。

（5）查看 CPU 与内存占用最高的 10 个进程（top、ps）。

（6）查看网络流量（ifconfig、iftop、iptraf）。

例 9-63 常用命令分析资源性能瓶颈的脚本。

```
[root@tianyun ~]# vim show_sys_info.sh
#!/bin/bash
#
os_check() {
        if [ -e /etc/redhat-release ]; then
                REDHAT=`cat /etc/redhat-release |cut -d' ' -f1`
        else
                DEBIAN=`cat /etc/issue |cut -d' ' -f1`
        fi
        if [ "$REDHAT" == "CentOS" -o "$REDHAT" == "Red" ]; then
                P_M=yum
        elif [ "$DEBIAN" == "Ubuntu" -o "$DEBIAN" == "ubutnu" ]; then
                P_M=apt-get
        else
                Operating system does not support.
                exit 1
        fi
}
#查看登录的用户是否为 root
if [ $LOGNAME != root ]; then
    echo "Please use the root account operation."
    exit 1
fi
#查看是否存在 vmstat 命令
if ! which vmstat &>/dev/null; then
        echo "vmstat command not found, now the install."
        sleep 1
        os_check
        $P_M install procps -y
        echo    "------------------------------------------------------------
------"
    fi
    #查看是否有 iostat 命令
    if ! which iostat &>/dev/null; then
        echo "iostat command not found, now the install."
        sleep 1
        os_check
        $P_M install sysstat -y
        echo    "------------------------------------------------------------
-----"
    fi
    #打印菜单
while true; do
    select input in cpu_load disk_load disk_use disk_inode mem_use tcp_status
cpu_top10 mem_top10 traffic quit; do
        case $input in
            cpu_load)
                #CPU 利用率与负载
```

```
        echo "--------------------------------------"
        i=1
        while [[ $i -le 3 ]]; do
            echo -e "\033[32m 参考值${i}\033[0m"
            UTIL=`vmstat |awk '{if(NR==3)print 100-$15"%"}'`
            USER=`vmstat |awk '{if(NR==3)print $13"%"}'`
            SYS=`vmstat |awk '{if(NR==3)print $14"%"}'`
            IOWAIT=`vmstat |awk '{if(NR==3)print $16"%"}'`
            echo "Util: $UTIL"
            echo "User use: $USER"
            echo "System use: $SYS"
            echo "I/O wait: $IOWAIT"
            i=$(($i+1))
            sleep 1
        done
        echo "--------------------------------------"
        break
        ;;
    disk_load)
        #硬盘 I/O 负载
        echo "--------------------------------------"
        i=1
        while [[ $i -le 3 ]]; do
            echo -e "\033[32m 参考值${i}\033[0m"
            UTIL=`iostat -x -k |awk '/^[v|s]/{OFS=": ";print $1,$NF"%"}'`
            READ=`iostat -x -k |awk '/^[v|s]/{OFS=": ";print $1,$6"KB"}'`
            WRITE=`iostat -x -k |awk '/^[v|s]/{OFS=": ";print $1,$7"KB"}'`
            IOWAIT=`vmstat |awk '{if(NR==3)print $16"%"}'`
            echo -e "Util:"
            echo -e "${UTIL}"
            echo -e "I/O Wait: $IOWAIT"
            echo -e "Read/s:\n$READ"
            echo -e "Write/s:\n$WRITE"
            i=$(($i+1))
            sleep 1
        done
        echo "--------------------------------------"
        break
        ;;
    disk_use)
        #硬盘利用率
        DISK_LOG=/tmp/disk_use.tmp
        DISK_TOTAL=`fdisk  -l  |awk  '/^Disk.*bytes/&&/\/dev/{printf  $2"
";printf "%d",$3;print "GB"}'`
        USE_RATE=`df -h |awk '/^\/dev/{print int($5)}'`
        for i in $USE_RATE; do
            if [ $i -gt 90 ];then
                PART=`df -h |awk '{if(int($5)=='''$i''') print $6}'`
                echo "$PART = ${i}%" >> $DISK_LOG
            fi
        done
        echo "--------------------------------------"
```

```
                    echo -e "Disk total:\n${DISK_TOTAL}"
                    if [ -f $DISK_LOG ]; then
                        echo "-------------------------------------"
                        cat $DISK_LOG
                        echo "-------------------------------------"
                        rm -f $DISK_LOG
                    else
                        echo "-------------------------------------"
                        echo "Disk use rate no than 90% of the partition."
                        echo "-------------------------------------"
                    fi
                    break
                    ;;
                disk_inode)
                    #硬盘 inode 利用率
                    INODE_LOG=/tmp/inode_use.tmp
                    INODE_USE=`df -i |awk '/^\/dev/{print int($5)}'`
                    for i in $INODE_USE; do
                        if [ $i -gt 90 ]; then
                            PART=`df -h |awk '{if(int($5)=='''$i''') print $6}'`
                            echo "$PART = ${i}%" >> $INODE_LOG
                        fi
                    done
                    if [ -f $INODE_LOG ]; then
                        echo "-------------------------------------"
                        rm -f $INODE_LOG
                    else
                        echo "-------------------------------------"
                        echo "Inode use rate no than 90% of the partition."
                        echo "-------------------------------------"
                    fi
                    break
                    ;;
                mem_use)
                    #内存利用率
                    echo "-------------------------------------"
                    MEM_TOTAL=`free     -m |awk '{if(NR==2)printf "%.1f",$2/1024}END
{print"G"}'`
                    USE=`free -m |awk '{if(NR==3) printf "%.1f",$3/1024}END{print "G"}'`
                    FREE=`free -m |awk '{if(NR==3) printf "%.1f",$4/1024}END{print "G"}'`
                    CACHE=`free -m |awk '{if(NR==2) printf "%.1f",($6+$7)/1024}END{print
"G"}'`
                    echo -e "Total: $MEM_TOTAL"
                    echo -e "Use: $USE"
                    echo -e "Free: $FREE"
                    echo -e "Cache: $CACHE"
                    echo "-------------------------------------"
                    break
                    ;;
                tcp_status)
                    #网络连接状态
```

```
                        echo "------------------------------------"
                        COUNT=`netstat -antp |awk '{status[$6]++}END{for(i in status) print
i,status[i]}'`
                        echo -e "TCP connection status:\n$COUNT"
                        echo "------------------------------------"
                        ;;
            cpu_top10)
                #占用 CPU 高的前 10 个进程
                echo "------------------------------------"
                CPU_LOG=/tmp/cpu_top.tmp
                i=1
                while [[ $i -le 3 ]]; do
                        #ps       aux     |awk    '{if($3>0.1)print       "CPU:       "$3"%
-->",$11,$12,$13,$14,$15,$16,"(PID:"$2")" |"sort -k2 -nr |head -n 10"}' > $CPU_LOG
                        ps aux |awk '{if($3>0.1){{printf "PID: "$2" CPU: "$3"% -->
"}for(i=11;i<=NF;i++)if(i==NF)printf $i"\n";else printf $i}}' |sort -k4 -nr |head -10
> $CPU_LOG
                        #循环从 11 列（进程名）开始打印，如果 i 等于最后一行，就打印 i 的列并换行，否
则就打印 i 的列
                        if [[ -n `cat $CPU_LOG` ]]; then
                           echo -e "\033[32m   参考值${i}\033[0m"
                           cat $CPU_LOG
                           > $CPU_LOG
                        else
                            echo "No process using the CPU."
                            break
                        fi
                        i=$(($i+1))
                        sleep 1
                done
                echo "------------------------------------"
                break
                ;;
            mem_top10)
                #占用内存高的前 10 个进程
                echo "------------------------------------"
                MEM_LOG=/tmp/mem_top.tmp
                i=1
                while [[ $i -le 3 ]]; do
                        #ps      aux     |awk    '{if($4>0.1)print       "Memory:      "$4"%
-->",$11,$12,$13,$14,$15,$16,"(PID:"$2")" |"sort -k2 -nr |head -n 10"}' > $MEM_LOG
                        ps aux |awk '{if($4>0.1){{printf "PID: "$2" Memory: "$3"% -->
"}for(i=11;i<=NF;i++)if(i==NF)printf $i"\n";else printf $i}}' |sort -k4 -nr |head -10
> $MEM_LOG
                        if [[ -n `cat $MEM_LOG` ]]; then
                           echo -e "\033[32m   参考值${i}\033[0m"
                           cat $MEM_LOG
                           > $MEM_LOG
                        else
                            echo "No process using the Memory."
                            break
                        fi
```

```
                            i=$(($i+1))
                        sleep 1
                done
                echo "----------------------------------------"
                break
                ;;
            traffic)
                #查看网络流量
                while true; do
                    read -p "Please enter the network card name(eth[0-9] or em[0-9]): " eth
                    #if [[ $eth =~ ^eth[0-9]$ ]] || [[ $eth =~ ^em[0-9]$ ]] && [[ `ifconfig |grep -c "\<$eth\>"` -eq 1 ]]; then
                    if [ `ifconfig |grep -c "\<$eth\>"` -eq 1 ]; then
                            break
                    else
                        echo "Input format error or Don't have the card name, please input again."
                    fi
                done
                echo "----------------------------------------"
                echo -e " In ------ Out"
                i=1
                while [[ $i -le 3 ]]; do
                    #OLD_IN=`ifconfig $eth |awk '/RX bytes/{print $2}' |cut -d: -f2`
                    #OLD_OUT=`ifconfig $eth |awk '/RX bytes/{print $6}' |cut -d: -f2`
                    OLD_IN=`ifconfig $eth |awk -F'[: ]+' '/bytes/{if(NR==8)print $4;else if(NR==5)print $6}'`
                    #CentOS 6 和 CentOS 7 ifconfig输出进出流量信息位置不同, CentOS 6 中 RX
与 TX 行号等于 8, CentOS 7 中 RX 行号是 5, TX 行号是 5, 所以就做了个判断
                    OLD_OUT=`ifconfig $eth |awk -F'[: ]+' '/bytes/{if(NR==8)print $9;else if(NR==7)print $6}'`
                    sleep 1
                    NEW_IN=`ifconfig $eth |awk -F'[: ]+' '/bytes/{if(NR==8)print $4;else if(NR==5)print $6}'`
                    NEW_OUT=`ifconfig $eth |awk -F'[: ]+' '/bytes/{if(NR==8)print $9;else if(NR==7)print $6}'`
                    IN=`awk 'BEGIN{printf "%.1f\n",'$(((${NEW_IN}-${OLD_IN})))'/1024/128}'`
                    OUT=`awk 'BEGIN{printf "%.1f\n",'$(((${NEW_OUT}-${OLD_OUT})))'/1024/128}'`
                    echo "${IN}MB/s ${OUT}MB/s"
                    i=$(($i+1))
                    sleep 1
                done
                echo "----------------------------------------"
                break
                ;;
            quit)
                    exit 0
                    ;;
        *)
                echo "----------------------------------------"
```

```
                         echo "Please enter the number."
                         echo "------------------------------------"
                         break
                         ;;
              esac
         done
    done
done
```

执行结果如下：

```
[root@tianyun ~]# chmod a+x show_sys_info.sh
[root@tianyun ~]# ./show_sys_info.sh
1) cpu_load      3) disk_use     5) mem_use     7) cpu_top10   9) traffic
2) disk_load     4) disk_inode   6) tcp_status  8) mem_top10  10) quit
Your choice is: 1
----------------------------------------------------------------
```

参考值 1

Util: 23%　CPU　已使用百分比，超过 80%，说明 CPU 负载大

User use: 7%　　用户使用百分比

System use: 16%　　系统使用百分比

I/O wait: 0%　　磁盘 I/O 等待百分比，此值超过 30%，说明磁盘负载大，读写频繁

参考值 2

Util: 23%

User use: 7%

System use: 16%　　间隔时间为 1s，刷新

I/O wait: 0%　　三次参考值

参考值 3

Util: 23

User use: 7%

System use: 16%

I/O wait: 0%

```
------------------------------------------------------------------------
--
------------------------------------------------------------------------
```

查看磁盘负载结果如下：

```
1) cpu_load    3) disk_use    5) mem_use     7) cpu_top10   9)
traffic
2) disk_load   4) disk_inode  6) tcp_status  8) mem_top10  10) quit
Your choice is: 2
------------------------------------------------------------------------
--
```

参考值 1

Util:　　每秒磁盘处理百分比，此值超过 80%，说明这个磁盘负载大

sda: 0.61%

sdb: 0.01%

I/O Wait: 0%

Read/s:　　每秒磁盘读数据量

sda: 44.40KB

```
        sdb: 2.08KB
    Write/s:        每秒磁盘写数据量
    sda: 212.24KB
    sdb: 0.01KB
    参考值 2
    Util:
    sda: 19.00%
    sdb: 0.01%
    I/O Wait: 4%
    Read/s:
    sda: 249.03KB
    sdb: 2.08KB
    Writs/s:
    sda: 738.66KB
    sdb: 0.01KB
    参考值 3
    Util:
    sda: 19.00%
    sdb: 0.01%
    I/O Wait: 4%
    Read/s:
    sda: 249.03KB
    sdb: 2.08KB
    Write/s:
    sda: 738.66KB
    sdb: 0.01KB
```

查看磁盘使用率结果如下：

```
    1) cpu_load      3) disk_use      5) mem_use      7) cpu_top10     9) traffic
    2) disk_load     4) disk_inode    6) tcp_status   8) mem_top10    10) quit
    Your choice is: 3
    ----------------------------------------------------------------------------
    ---------
    Disk total:      #有几个多大的硬盘，如果有分区超过 90%
    /dev/sda: 2999GB     #就会打印出来这个分区
    /dev/sdb: 1000GB
    /dev/mapper/cl-root: 2993GB
    /dev/mapper/cl-swap: 4294GB
    ----------------------------------------------------------------------------
    ---------
    Disk use rate no than 90% of the partition.
```

查看分区 inode 使用情况如下：

```
    1) cpu_load        3) disk_use    5) mem_use      7) cpu_top10     9)
    traffic
    2) disk_load       4) disk_inode  6) tcp_status   8) mem_top10    10) quit
    Your choice is: 4
                如果有分区 Inode 使用率达到 90%，就会打印出这个分区
    ----------------------------------------------------------------------------
    ---------
```

```
Inode use rate no than 90% of the partition
    --------------------------------------------------------------------------
----------
```

查看内存使用率如下：

```
1) cpu_load     3) disk_use    5) mem_use      7) cpu_top10    9)
traffic
2) disk_load    4) disk_inode  6) tcp_status   8) mem_top10   10)  quit
Your choice is: 5
    --------------------------------------------------------------------------
---------
Total: 47.2G
Use: 3.3G
Free: 0.9G
Cache: 42.9G
    --------------------------------------------------------------------------
----------
1) cpu_load     3) disk_use    5) mem_use      7) cpu_top10   9) traffic
2) disk_load    4) disk_inode  6) tcp_status   8) mem_top10  10) quit
#? 10
```

查看 TCP 连接状态如下：

```
1) cpu_load     3) disk_use    5) mem_use      7) cpu_top10    9)
traffic
2) disk_load    4) disk_inode  6) tcp_status   8) mem_top10   10)  quit
Your choice is: 6
    --------------------------------------------------------------------------
---------
TCP connection status:    #网络连接状态，如果 TIME_WAIT 过千，
TIME_WAIT 2                #就应该调整下内核参数
CLOSE_WAIT 215
established) 1
ESTABLISHED 422
Foreign 1
LISTEN 34
```

查看哪几个进程占用 CPU 使用大小情况如下：

```
1) cpu_load     3) disk_use    5) mem_use      7) cpu_top10    9)
traffic
2) disk_load    4) disk_inode  6) tcp_status   8) mem_top10   10)  quit
Your choice is: 7
                找出哪几个进程占用 CPU 大
    --------------------------------------------------------------------------
---------
参考值 1
CPU: 8.2% --> --socket=/home/mysql/mysql.sock
CPU: 2.5% --> taoke.xdm.GetUsers
CPU: 0.7% --> taoke.neo.AutoSInaLoginPro
```

参考值 2
```
CPU: 8.2% --> --socket=/home/mysql/mysql.sock
CPU: 2.5% --> --taoke.xdm.GetUsers
CPU: 0.7% --> taoke.neo.AutoSinaLoginPro
```
参考值 3
```
CPU: 8.2% --> --socket=/home/mysql/mysql.sock
CPU: 2.5% --> taoke.xdm.GetUsers
CPU: 0.7% --> taoke.neo.AutoSinaLoginPro
----------------------------------------------------------------------
-------
```

查看哪几个进程占用内存使用大小情况如下：

```
1) cpu_load        3) disk_use      5) mem_use      7) cpu_top10   9)
traffic
2) disk_load       4) disk_inode    6) tcp_status   8) mem_top10  10)   quit
Your choice is: 8
                          找出哪几个进程占用内存大
----------------------------------------------------------------------
---------
```
参考值 1
```
Memory: 8.9% --> taoke.xdm.GetUsers
Memory: 4.2% --> --socket=/home/mysql/mysql.sock
Memory: 1.6% --> taoke.UpdateWbuserslog
Memory: 1.0% --> taoke.xdm.PatchUsers
Memory: 1.0% --> taoke.neo.AutoSinaLoginPro
Memory: 0.4% --> /usr/sbin/httpd
Memory: 0.4% --> /usr/sbin/httpd
Memory: 0.4% --> /usr/sbin/httpd
Memory: 0.4% --> /usr/sbin/httpd
Memory: 0.4% --> /usr/sbin/httpd
```
参考值 2
```
Memory: 8.9% --> taoke.xdm.GetUsers
Memory: 4.2% --> --socket=/home/mysql/mysql.sock
Memory: 1.6% --> taoke.UpdateWbuserslog
Memory: 1.0% --> taoke.xdm.PatchUsers
Memory: 1.0% --> taoke.neo.AutoSinaLoginPro
Memory: 0.4% --> /usr/sbin/httpd
Memory: 0.4% --> /usr/sbin/httpd
Memory: 0.4% --> /usr/sbin/httpd
Memory: 0.4% --> /usr/sbin/httpd
Memory: 0.4% --> /usr/sbin/httpd
```
参考值 3
```
Memory: 8.9% --> taoke.xdm.GetUsers
Memory: 4.2% --> --socket=/home/mysql/mysql.sock
Memory: 1.6% --> taoke.UpdateWbuserslog
Memory: 1.0% --> taoke.xdm.PatchUsers
Memory: 1.0% --> taoke.neo.AutoSinaLoginPro
Memory: 0.4% --> /usr/sbin/httpd
Memory: 0.4% --> /usr/sbin/httpd
Memory: 0.4% --> /usr/sbin/httpd
```

```
Memory: 0.4% --> /usr/sbin/httpd
Memory: 0.4% --> /usr/sbin/httpd
-----------------------------------------------------------------------------
--------
```

查看流量的使用情况如下：

```
1) cpu_load     3) disk_use     5) mem_use      7) cpu_top10    9)
traffic
2) disk_load    4) disk_inode   6) tcp_status   8) mem_top10    10)  quit
Your choice is: 9
                    查看进出流量
Please enter the network card name(eth[0-9] or em[0-9]): eth0
-----------------------------------------------------------------------------
--------
  In -----------------Out
  0.6MB/s  63.9MB/s
  2.2MB/s  94.7MB/s
  2.2MB/s  94.7MB/s
-----------------------------------------------------------------------------
--------
```

9.3　本章小结

　　本章主要讲解了系统资源性能瓶颈实战，首先介绍了常见的性能分析工具语法和用法，然后结合 Shell 脚本写出整体的项目系统资源性能瓶颈脚本。要求读者掌握性能分析工具，并根据这些工具结合 Shell 脚本解决运维工作中日常问题。

9.4　习题

　　1. 填空题

　　（1）整个计算机系统由四个重要的模块组成，分别是____、____、____、____。

　　（2）在运维工作中常用到的性能分析工具包括____。

　　（3）vmstat 命令是最常见的 Linux/UNIX 监控工具，可以展现给定时间间隔的服务器的状态值，包括____。

　　（4）在 dstat 命令输出中，参数 read 表示____，参数 writ 表示____。

　　（5）sar 命令语法格式为____。

　　2. 选择题

　　（1）sar -r 含义是（　　）。

　　　　A.　查看内存使用情况　　　　　　　　B.　查看 CPU 使用情况

　　　　C.　查看 I/O 使用情况　　　　　　　　D.　查看流量使用情况

（2）iostat 命令中，rsec/s 表示（　　　）。

    A. 每秒写入的扇区数　　　　　　　　B. 每秒读取的扇区数

    C. 平均请求扇区的大小　　　　　　　D. 平均请求队列的长度

（3）top 命令中 VIRT 表示（　　　）。

    A. 常驻内存　　　　B. 共享内存　　　　C. 虚拟内存　　　　D. 数据占用的内存

（4）ps 命令是显示 （　　　）。

    A. 进程　　　　　　B. 实时　　　　　　C. PID　　　　　　D. 瞬间状态

（5）ss -t -a 表示（　　　）。

    A. 显示所有 UDP 套接字　　　　　　B. 显示所有 TCP 套接字

    C. 显示进程打开的套接字　　　　　　D. 显示本地打开的端口

3. 简答题

（1）显示网络接口列表的命令和输出结果。

（2）只显示监听端口命令和输出结果。

10 第10章　项目实战集

本章学习目标

- 掌握服务器存活状态脚本项目实战
- 掌握 Nginx 日志分析项目实战
- 掌握 Zabbix 监控信息项目收集实战
- 掌握多机部署 MySQL 数据库项目实战
- 掌握多机部署 LNMP 项目实战

问题是时代的声音，回答并指导解决问题是理论的根本任务。利用服务状态存活脚本，我们可以发现 CPU 瓶颈、硬盘瓶颈、网站访问慢等问题。Nginx 日志会把每个用户访问网站的日志信息记录在指定的日志文件中，供网站搭建者分析用户的浏览行为等。通过 Web 界面，Zabbix 监控信息收集可以监控系统状态、性能数据、网络和服务，以便对它的运行性能、状态情况进行了解，进而在必要时对它进行性能调优或系统硬件升级。多机部署 MySQL 数据库和多机部署 LNMP 可节省大量的人力，应重点掌握。本章主要讲述以上项目实战内容。

10.1　服务器存活状态脚本项目

在 Linux 系统中，可以使用 ping 命令检测主机状态，根据返回的状态信息，判断当前主机是处于活动状态，还是处于宕机状态。本节介绍两种通过 Shell 脚本判断网络中主机存活状态方法。具体如下所示。

例 10-1　使用 for 循环判断主机是否存活。

```
[root@tianyun ~]# vim ping_count3_1.sh
#!/bin/bash
ip_list="10.18.40.1 10.18.42.127 10.18.42.8 10.18.42.5"
#循环 ip_list 中的 ip 各一次
```

```
for ip in $ip_list
do
        #对每个 ip 各 ping 三次判断存活状态
        for count in {1..3}
        do
                ping -c1 -w1 $ip &>/dev/null
                #如果 ping 通就退出，ping 不通统计失败的次数
                if [ $? -eq 0 ];then
                    echo "$ip ping is ok."
                    break
                else
                    echo "$ip ping is failure: $count"
                    #利用数组的方式统计失败的次数
                    fail_count[$count]=$ip
                fi
        done
        #判断 fail_count 数组的元素个数，如果个数为 3，说明这个 ip 是不通的
        if [ ${#fail_count[*]} -eq 3 ];then
                echo "${fail_count[1]} ping is failure!"
                unset fail_count[*]
        fi
done
```

对 ip_list 清单上使用 for 循环一次，对每个 IP 地址各 ping 三次判断存活状态，如果可以 ping 通就退出循环，ping 不通就统计失败的个数，判断失败的个数，如果失败的个数大于等于 3，则说明这个主机已经宕机。

for 循环执行结果如下：

```
[root@tianyun ~]# chmod a+x ping_count3_1.sh
[root@tianyun ~]# ./ping_count3_1.sh
10.18.40.1 ping is ok.
10.18.42.127 ping is ok.
10.18.42.8 ping is failure: 1
10.18.42.8 ping is failure: 2
10.18.42.8 ping is failure: 3
10.18.42.8 ping is failure!
10.18.42.5 ping is failure: 1
10.18.42.5 ping is failure: 2
10.18.42.5 ping is failure: 3
10.18.42.5 ping is failure!
```

例 10-2　通过 while 循环判断主机是存活状态。

ip.txt 主机清单如下：

```
[root@tianyun ~]# vim ip.txt
10.18.40.1
10.18.42.127
10.18.42.4
10.18.42.8
```

while 循环脚本如下：

```
[root@tianyun ~]# vim ping_count3_2.sh
#!/bin/bash
#ip_list="10.18.40.1 10.18.42.127 10.18.42.8 10.18.42.5"
#循环 ip_list 中的 ip 各一次
while read ip
do
 #对每个 ip 各 ping 三次判断存活状态
 for count in {1..3}
 do
     ping -c1 -w1 $ip &>/dev/null
     #如果 ping 通就退出，ping 不通则统计失败的次数
     if [ $? -eq 0 ];then
         echo "$ip ping is ok."
         break
     else
         echo "$ip ping is failure: $count"
         #利用数组的方式统计失败的次数
         fail_count[$count]=$ip
     fi
 done
 #判断 fail_count 数组的元素个数，如果个数为 3，说明这个 ip 是不通的
 if [ ${#fail_count[*]} -eq 3 ];then
     echo "${fail_count[1]} ping is failure!"
     unset fail_count[*]
 fi
done <ip.txt
```

while 循环执行结果如下：

```
[root@tianyun ~]# ./ping_count3_2.sh
10.18.40.1 ping is ok
10.18.42.127 ping is ok
10.18.42.4 ping is failure: 1
10.18.42.4 ping is failure: 2
10.18.42.4 ping is failure: 3
10.18.42.4 ping is failure!
10.18.42.8 ping is failure: 1
10.18.42.8 ping is failure: 2
10.18.42.8 ping is failure: 3
10.18.42.8 ping is failure!
```

由结果可以看出，10.18.40.1 和 10.18.42.127 这两个主机是正常的，10.18.42.4 和 10.18.42.8 这两个主机 IP 地址是 ping 不通的。

10.2 Nginx 日志分析项目

若把运维工作看作是医生给病人看病，日志则是病人对自己病况的描述，很多时候医生需

要通过病人的描述，确定病人的状况，是否严重，需要什么类型的药，药的计量需要多大。所以古人有句话叫对症下药，这个症就是病人的描述加医生的判断。医生看病人的描述和化验单上的数据对医生是非常重要的。同理，在运维中日志的作用也是类似的。下面介绍对 Nginx 日志分析实战项目。

日志服务通过数据接入向导配置采集 Nginx 日志，并自动创建索引和 Nginx 日志仪表盘，快速采集日志，并分析 Nginx 日志。

很多个人网站会选取 Nginx 作为服务器搭建网站。在对网站访问情况进行分析时，需要对 Nginx 访问日志统计分析，从中获得网站的访问量、访问时段等访问情况。传统模式下利用 CNZZ 模式，在前端页面插入 JS（JavaScript），用户访问的时候触发 JS，但只能记录页面的访问请求，像 ajax 之类的请求是无法记录的，还有爬虫信息也不会记录。或者利用流计算、离线统计分析 Nginx 访问日志，从日志中挖掘有用信息，但需要搭建一套环境，并且在实时性以及分析灵活性上难以平衡。通过对两种方式相互补充，才能对网站的状况有更加深入地了解。

日志服务具有查询分析日志的功能，同时提供 Nginx 日志仪表盘（Dashboard），极大地降低了 Nginx 访问日志的分析复杂度，便捷统计网站的访问数据。

接下来以分析 Nginx 访问日志为例，介绍分析 Nginx 访问日志场景的详细步骤。

Nginx 服务器日志的 log_format 格式为：

```
log_format main '$remote_addr - $remote_user [$time_local] "$request" '
  '$status $boby_bytes_sent "$http_referer" '
  ' "$http_user_agent" "$http_x_forwarded_for" ' ;
```

日志参数详解如表 10.1 所示。

表 10.1　　　　　　　　　　　　　　　　日志参数详解

参数	说明
$remote_addr	与 $http_x_forwarded_for 用以记录客户端的 IP 地址
$http_x_forwarded_for	当前端有代理服务器时，设置 Web 节点记录客户端地址的配置。此参数生效的前提是代理服务器也要进行相关的 http_x_forwarded_for 设置
$remote_user	记录客户端用户名称，一般默认为空
$time_local	服务器记录访问时间
$request	记录请求的内容，包括方法名、URL 和 HTTP 协议
$status	记录返回的 HTTP 状态码
$boby_bytes_sent	记录发送返回给客户端文件内容大小
$http_referer	记录从哪个页面链接访问过来的
$http_user_agent	记录客户端名称浏览器相关信息
$request_time	处理完请求所花时间，以秒为单位
$http_host	用户请求时使用的 HTTP 地址，即浏览器中输入的地址（IP 地址或域名）
$request_length	客户端请求大小
$upstream_response_time	上游服务的处理延时

续表

参数	说明
$upstream_status	upstream 显示服务状态，成功则显示状态码 200
$upstream_addr	后台 upstream 的地址，即真正提供服务的主机地址

例如，Nginx 日志文件中其中一行为：

```
106.117.249.14 - - [22/Mar/2019:11:26:18 +0800] "GET
/d/file/c6649665d77368df2b17dc401de25016.jpg          HTTP/1.1"     200     48754
http://sz.mobiletrain.org/ "Mozilla/5.0 (iPhone; CPU iPhone OS 10_0_2 like Mac OS X; zh-CN)
AppleWebKit/537.51.1 (KHTML, like Genko) Mobile/14A456 UCBrowser/11.3.0.895 Mobile
AliApp(TUnionSDK/0.1.6)"
```

一般来说，看访问日志需要了解到，查看网站的 PV、UV、热点页面、错误请求、客户端类型、来源页面等。下面对 Web 服务流量名词做下简单介绍。

当用户访问网站时，点击网页或者刷新网页，就会产生 PV（Page View，页面浏览量或点击量）。无论客户端是否相同，以及 IP 地址和网站页面是否相同，用户只要访问网站页面就会计算 PV，一次计为一个 PV。

下面举例说明访问日志 PV 量和 IP 地址连接数，具体如下所示。

```
[root@tianyun log]# ll
-rw-r--r-- 1 root  root   257 Sep 6 18:39 a.txt
-rwxrwxrwx 1 501  games 52103669 Sep 6 09:12 cd.mobiletrain.org.log
-rwxrwxrwx 1 501  games 33466129 Sep 6 09:11 dl.mobiletrain.org.log
-rwxrwxrwx 1 501  games 60784168  Sep 6 09:12 gz.mobiletrain.org.log
-rwxrwxrwx 1 501  games 41331760 Sep 6 09:11 hz.mobiletrain.org.log
-rw-r-r-- 1 root  root      0 Sep 6 19:05 log.sh
-rwxrwxrwx 1 501  games 20620567 Sep 6 09:11 qd.mobiletrain.org.log
-rwxrwxrwx 1 501  games 87419008 Sep 6 09:13 sh.mobiletrain.org.log
-rwxrwxrwx 1 501  games 104569251 Sep 6 09:13 sz.mobiletrain.org.log
-rwxrwxrwx 1 501  games  405252251 Sep 6 09:11 wh.mobiletrain.org.log
-rwxrwxrwx 1 501  games 32100360  Sep 6 09:11 www.goodprogrammer.org.log
-rwxrwxrwx 1 501  games 42303827 Sep 6 09:11 xa.mobiletrain.org.log
-rwxrwxrwx 1 501  games 48256286 Sep 6 09:11 zz.cdn-my.mobiletrain.org.log
```

从上文中可以看出访问数量最大的日志文件是 sz.mobiletrain.org.log 作以举例分析。

例 10-3　统计 2019 年 9 月 6 日的 PV 量，统计 PV 量可以根据日志是一大段时间的日志（如一个月），还是一小段时间的日志（如一个星期）。

第一种方法使用 grep 过滤，具体如下所示。

```
[root@tianyun log]# grep '06/Sep/2019' sz.mobiletrain.org.log | wc -l
1260
```

第二种方法使用 awk 过滤，具体如下所示。

```
[root@tianyun log]# awk '$4>=" [06/Sep/2019:08:00:00]" &&
$4<="[05/Sep/2017:09:00:00]" {print $0}' sz.mobiletrain.org.log | wc -l
```

统计 Web 服务流量独立 IP 地址数，是指 1 天内多少个独立的 IP 地址浏览了页面，即统计不同的 IP 地址浏览用户流量。同一个 IP 地址不管访问了几个页面，独立 IP 地址数均为 1，不同的 IP 地址浏览页面，计数会加 1。IP 地址是基于用户广域网 IP 地址来区分不同的访问者的，所以，多个用户（多个局域网 IP 地址）在同一个路由器（同一个广域网 IP 地址）内上网，可能被记录为一个独立 IP 地址访问者。如果用户不断更换 IP 地址，则有可能被多次统计。下面举例说明访问日志 IP 地址连接数，具体如下所示。

例 10-4 统计 2019 年 9 月 6 日这一天内访问最多的 10 个 IP 地址（ip top10）。

第一种方法使用 grep 过滤，具体如下所示。

```
[root@tianyunlog]#grep '06/Sep/2019' sz.mobiletrain.org.log| awk'{ips[$1]++ }
END{ for(i in ips){print i,ips[i]} }' |sort -k2 -rn|head-n10
182.140.217.111.138
121.29.54.122.95
121.29.54.124.84
121.29.54.59.73
121.29.54.101.73
121.29.54.62.62
121.29.54.60.56
58.216.107.23.52
119.147.33.22.50
121.31.30.169.42
```

以上代码演示了使用 grep 过滤出日期，以 IP 地址作为索引进行统计排序。

第二种方法使用 awk 过滤，具体如下所示。

```
[root@tianyun log]#  awk '/06\/Sep\/2019/{ips[$1]++} END{for(i in ips){print
i,ips[i]}}' sz.mobiletrain.org.log |sort -k2 -rn| head -n 10
182.140.217.111 138
121.29.54.122 95
121.29.54.124 84
121.29.54.59 73
121.29.54.101 73
121.29.54.62 62
121.29.54.60 56
58.216.107.23 52
119.147.33.22 50
121.31.30.169 42
```

例 10-5 统计指定某一天的访问 IP 地址。

第一种方法使 grep 过滤，具体如下所示。

```
[root@tianyun log]# grep '06/Sep/2019' sz.mobiletrain.org.log |awk '{print $1}' |
sort |uniq -c |sort -nr |head -10121.123.174.87 165
121.111.85.34  150
119.182.154.40 148
121.59.54.116 136
```

```
121.49.222.30 120
121.29.35.34 114
58.216.107.23 93
119.212.56.84 87
121.89.79.16 43
133.27.227.163 37
```

第二种方法使用 awk 过滤，具体如下所示。

```
[root@tianyun log]# grep  '/06\/Sep\/2019/{print $1}'  sz.mobiletrain.org.log  |
sort |uniq -c |sort -nr |head -10121.123.174.87 165
121.111.85.34  150
119.182.154.40 148
121.59.54.116 136
121.49.222.30 120
121.29.35.34 114
58.216.107.23 93
119.212.56.84 87
121.89.79.16 43
133.27.227.163 37
```

当文件比较大时，先用 grep 再用 awk 速度会快很多。统计 2019 年 9 月 6 日访问大于 100 次的 IP 地址，具体如下所示。

```
[root@tianyun log]# grep '06/Sep/2019'  sz.mobiletrain.org.log |awk  '{ips[$1]++] }
END{ for(i in ips){if(ips[i]>100) {print i, ips[i]}}}' 119.147.33.22 943
119.147.33.26 880
119.147.33.18 765
123.174.51.164 689
111.85.34.165  532
117.63.146.40 489
118.182.116.39 404
1.48.219.30 317
60.222.231.46 307
10.35.1.82 117
27.227.163.200 147
58.253.6.133 118
```

例 10-6　统计 2019 年 9 月 6 日 访问最多的 10 个页面（$request）。

第一种方法使用 grep 过滤，具体如下所示。

```
[root@tianyun    log]#    grep    '06/Sep/2019'    sz.mobiletrain.org.log    |awk
'{ urls[$7]++ }END{for(i in urls){print urls[i],i}}' sort -k1 -rn |head -n1044 /
34 /e/admin/DoTimeRepage.php
25 /skin/sz/js/minkh.php
25 /js/jquery-1.11.3.min.js
22 /skin/sz/js/page/jquery-1.4.2.min.js
21 /skin/sz/js/page/ready.js
19 /skin/sz/js/table.js
18 /skin/sz/js/table.js
16 /img/sz_home/sz_js.png
16 /img/kbxx_bg.png
```

第二种方法使用 awk 过滤，具体如下所示。

```
[root@tianyun log]# awk '/06\/Sep\/2019/{urls[$7]++}' END{for(i in urls){print
i,urls[i]}} sz.mobiletrain.org.log |sort -k2rn|head
/ 44
/e/admin/DoTimeRepage.php 34
/skin/sz/js/minkh.php 25
/js/jquery-1.11.3.min.js 25
/skin/sz/js/page/jquery-1.4.2.min.js 22
/skin/sz/js/page/ready.js 21
/skin/sz/js/table.js 19
/skin/sz/js/table.js 18
/img/sz_home/sz_js.png 16
/img/kbxx_bg.png 16
```

例 10-7 统计 2019 年 9 月 6 日每个 URL 访问内容总大小（$body_bytes_sents）。

第一种方法使用 grep 过滤，具体如下所示。

```
[root@tianyun log]# grep '/06\/Sep\/2019/' sz.mobiletrain.org.log |awk '{urls[$7]++;
size[$7]+=$10} END{for(i in urls){print urls[i],size[i],i}}' |sort -k1 -rn|head -n 10
44  4040481 /
34 5372 /e/admin/DoTimeRepage.php
25 75026 /js/jquery-1.11.3.min.js
25 678973 /skin/sz/js/minkh.php
22 173642 /skin/sz/js/page/jquery-1.4.2.min.js
21 1906 /skin/sz/js/page/ready.js
19 3312 /skin/sz/js/page/core.js
18 10184 /skin/sz/js/page/core.js
16 7818 /img/kbxx_bg.png
16 42120 /img/sz_home/sz_js.png
```

第二种方法使用 awk 过滤，具体如下所示。

```
[root@tianyun log]# awk '/06\/Sep\/2019/{size[$7]+=$10}'END{for(i in size){print
i,size[i]}}' sz.mobiletrain.org.log |sort -k2rn|head44  4040481 /
34 5372 /e/admin/DoTimeRepage.php
25 75026 /js/jquery-1.11.3.min.js
25 678973 /skin/sz/js/minkh.php
22 173642 /skin/sz/js/page/jquery-1.4.2.min.js
21 1906 /skin/sz/js/page/ready.js
19 3312 /skin/sz/js/page/core.js
18 10184 /skin/sz/js/page/core.js
16 7818 /img/kbxx_bg.png
16 42120 /img/sz_home/sz_js.png
```

例 10-8 统计 2019 年 9 月 6 日每个 IP 地址访问状态码数量（$status）。

第一种方法使用 grep 过滤，具体如下所示。

```
[root@tianyun log]# grep '06/Sep/2019' sz.mobiletrain.org.log |awk '{ip_code[$1"
"$9]++} END{for(i in ip_code){print i,ip_code[i]}}' |sort -k1 -rn |head -n 10
```

```
220.112.25.173 404 1
220.112.25.173 304 11
183.214.128.195 304 4
183.214.128.195 200 2
183.214.128.152 304 10
183.214.128.152 200 5
183.214.128.151 304 11
183.214.128.151 200 4
183.214.128.142 404 1
183.214.128.142 304 24
```

第二种方法使用 awk 过滤，具体如下所示。

```
[root@tianyun log]# awk '/06\/Sep\/2019/' '{ip_code[$1'' ''$9]++} END{for(i in
ip_code){print i,ip_code[i]}} ' sz.mobiletrain.org.log |sort -k3 -rn |head -n 10
220.112.25.173 404 1
220.112.25.173 304 11
183.214.128.195 304 4
183.214.128.195 200 2
183.214.128.152 304 10
183.214.128.152 200 5
183.214.128.151 304 11
183.214.128.151 200 4
183.214.128.142 404 1
183.214.128.142 304 24
```

例 10-9 统计 2019 年 9 月 6 日过滤出 URL。

```
[root@tianyun log]# awk '/06\/Sep\/2019/ {print $11}'  sz.mobiletrain.org.log |sort
|uniq -c | sort -nr |head -n 1020737 ''http://www.adreambox.net/index.php?app=home&mod=
User&act=index''
    4155 ''-''
    3981 ''http://www.adreambox.net/''
    1921 "http://www.adreambox.net/index.php?app=adreambox&mod=Class&act=prensent&id=
5&type=2"
    1299''http://www.adreambox.net/idex.php?app=home&mod=Public&act=doLogin''
    1191
''http://www.adreambox.net/idex.php?app=group&mod=Group&act=index&gid=1413''
    718 ''http://www.adreambox.net/index.php?app=wap&mod=Index&act=index''
    657 ''http://www.adreambox.net/index.php?app=wap&mod=Index&act=index''
    657 ''http://www.adreambox.net/index.php?act=index&app=home&mod=User''
    639
''http://www.adreambox.net/index.php?app=group&mod=Manage&act=index&gid=1413''
```

例 10-10 统计 2019 年 9 月 6 日 IP 地址访问状态码为 404 及出现次数（$status）。

第一种方法使用 grep 过滤，具体如下所示。

```
[root@tianyun  log]#  grep  '06/Sep/2017/'  sz.mobiletrain.org.log  |awk      '{if
($9="404" ){ip_code[$1" " $9]++}} END{for(i in ip_code){print i,ip_code[i]}}'
    58.216.107.21 404 5
    139.215.203.174 404 67
    125.211.204.174 404 10
    58.216.107.22 404 25
```

```
106.117.249.12 404 6
119.147.33.21 404 50
42.56.76.44 404 5
119.147.33.22 404 117
58.216.107.23 404 2
119.147.33.18 404 118
58.216.107.11 404 7
```

第二种方法使用 awk 过滤，具体如下所示。

```
[root@tianyun log]# awk '/06/Sep\/2017/' '{if ($9="404"){ip_code[$1" "$9]++}}
END{for(i in ip_code){print i,ip_code[i]}}' sz.mobiletrain.org.log
58.216.107.21 404 5
139.215.203.174 404 67
125.211.204.174 404 10
58.216.107.22 404 25
106.117.249.12 404 6
119.147.33.21 404 50
42.56.76.44 404 5
119.147.33.22 404 117
58.216.107.23 404 2
119.147.33.18 404 118
58.216.107.11 404 7
```

以上代码演示了使用 grep 和 awk 对 Nginx 日志分割进行分析和统计。生产环境中的服务器，由于访问日志文件增长速度非常快，日志太大会严重影响服务效率。同时，为了方便对日志进行分析计算，需要通过对日志文件进行定时切割。切割的方式有按月切割、按天切割、按小时切割等，最常用的是按天切割。

10.3　Zabbix 信息收集项目

本节将分三点介绍 Zabbix 信息收集项目：一是 Zabbix 监控 TCP 连接状态收集，二是 Zabbix 监控 MySQL 状态信息收集，三是 Zabbix 监控内存信息收集。

10.3.1　Zabbix 监控 TCP 状态信息收集

常见的获取 TCP 连接状态的方法有两种，一种是 netstat 命令，另一种是 ss 命令。具体如下所示。

例 10-11　netstat 获取 TCP 状态信息。

```
[root@tianyun ~]# netstat -an | grep ^tcp
```

例 10-12　ss 获取 TCP 状态信息。

```
[root@tianyun ~]# ss -an | grep ^tcp
```

例 10-13　ss 统计 TCP 状态连接数。

```
[root@tianyun ~]# ss -an | grep ^tcp |awk '{tcp_connect_status[$2]++}
END{for(i in tcp_connect_status) {print i,tcp_connect_status[i]}} '
LISTEN 11
ESTAB 1
TIME-WAIT 16
```

TCP 被称为可靠的数据转输协议，主要是通过许多机制来实现的，其中重要的就是三次握手的功能和四次挥手的功能。TCP 三次握手和四次挥手状态如图 10.1 所示。

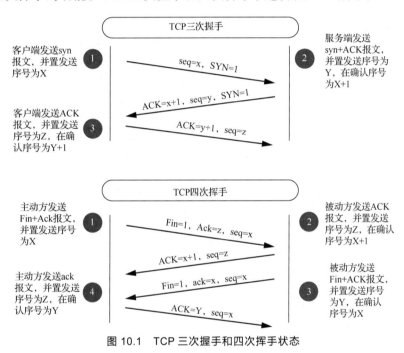

图 10.1　TCP 三次握手和四次挥手状态

常见 TCP 状态信息描述如下。

　1. ESTABLISHED　　　socket 已经建立连接，表示一个打开的连接，接收到的数据可以被投递给用户，连接的数据传输阶段的正常状态

　2. CLOsed　　　　　　socket 没有被使用，无连接

　3. CLOSING　　　　　服务器端和客户端同时关闭连接，等待远端 TCP 的连接终止请求确认

　4. CLOSE_WAIT　　　等待关闭连接，等待本地用户的连接终止请求

　5. TIME_WAIT　　　　表示收到了对方的 FIN 报文，并发送出了 ACK 报文，等待 2MSL 后就可回到 CLOsed 状态

　6. LAST_ACK　　　　远端关闭，当前 socket 被动关闭后发送 FIN 报文，等待对方 ACK 报文

　7. LISTEN　　　　　　监听状态，等待从任何远端 TCP 和端口的连接请求

　8. SYN_RECV　　　　接收到 SYN 报文

　9. SYN_SENT　　　　已经发送 SYN 报文，发送完一个连接请求后等待一个匹配的连接请求

　10. FIN_WAIT_1　　　等待远端 TCP 的连接终止请求，或者等待之前发送的连接终止请求的确认

　11. FIN_WAIT_2　　　等待远端 TCP 的连接终止请求

例 10-14 编写监控 TCP 连接数的 Shell 脚本。

```
[root@tianyun ~]# vim zabbix_tcp_connect_status.sh
#!/bin/env bash
LISTEN() {
        ss -an |grep '^tcp' |grep 'LISTEN' |wc -l
SYN_RECV() {
        ss -an |grep '^tcp' |grep 'SYN[_-]RECV' |wc -l
}
}
ESTABLISHED() {
        ss -an |grep '^tcp' |grep 'ESTAB' |wc -l
}
TIME_WAIT() {
        ss -an |grep '^tcp' |grep
'TIME[_-]WAIT' |wc -l
}
$1
```

检测下收集 LISTEN 状态结果。

```
[root@tianyun ~]# ss -an |grep '^tcp' |grep 'LISTEN' |wc -l
13
[root@tianyun ~]# ss -an |grep '^tcp' |grep 'LISTEN'
tcp        LISTEN      0     5       192.168.122.1:53            *:*
tcp        LISTEN      0     128         *:22              *:*
tcp        LISTEN      0     128     127.0.0.1:631            *:*
tcp        LISTEN      0     100     127.0.0.1:25             *:*
tcp        LISTEN      0     128     127.0.0.1:6010           *:*
tcp        LISTEN      0     128     127.0.0.1:6011           *:*
tcp        LISTEN      0     128     :::80                :::*
tcp        LISTEN      0     128     :::22                :::*
tcp        LISTEN      0     128     ::1:631              :::*
tcp        LISTEN      0     100     ::1:25               :::*
tcp        LISTEN      0     128     ::1:6010             :::*
tcp        LISTEN      0     128     ::1:6011             :::*
tcp        LISTEN      0     128     :::443               :::*
#给脚本加权限
[root@tianyun ~]# chmod a+x zabbix_tcp_connect_status.sh
[root@tianyun ~]# ./zabbix_tcp_connect_status.sh LISTEN
13
[root@tianyun ~]# ./zabbix_tcp_connect_status.sh ESTABLISHED
2
[root@tianyun ~]# ./zabbix_tcp_connect_status.sh TIME_WAIT
18
```

当服务器的连接数很大，统计 TCP 状态也很频繁时，使用 Zabbix 监控 TCP 状态信息是一个很好的方案。

10.3.2 Zabbix 监控 MySQL 状态信息收集

在日常运维工作中，了解 MySQL 数据是相当重要的，使用 Zabbix 进行监控 MySQL 状态信息收集，与采集 CPU、I/O、内存、磁盘等信息数据相似。

下面是关于 Zabbix 监控 MySQL 状态的脚本。

```
#yum 安装 mariadb-server mariadb
[root@tianyun ~]# yum -y install mariadb-server mariadb
#启动 mariadb
[root@tianyun ~]# systemctl start mariadb
#使用空密码登入 MySQL 控制台可以执行增删改查操作
[root@tianyun ~]# mysql
Welcome to the MariaDB monitor. Commands end with ; or \g.
Your version: 5.5.44-MariaDB id is 2
Server version: 5.5.44-MariaDB MariaDB server
Copyright (c) 2000, 2015, Oracle, MariaDB Corporation Ab and others.
Type 'help; ' or '\h' for help. Type '\c' to clear the current input statement.
MariaDB [(none)]> \q
Bye
#mysqladmin 命令可以管理 MySQL，看 MySQL 状态，也可以改密码
[root@tianyun ~]# mysqladmin status
Uptime: 44 Threads: 1 Questions: 4 Slow  queries: 0 Opens: 0 Flush tables: 2 Open
tables: 26 Queries per second avg: 0.090
#mysqladmin extended-status 看扩展状态信息
[root@tianyun ~]# mysqladmin extend-status |less
| Com_insert            | 0      |
| Com_insert_select     | 0      |
| Com_install_plugin    | 0      |
| Com_update            | 0      |
| Com_select            | 0      |
| Com_insert            | 0      |
| Com_delte             | 0      |
| Com_rollback          | 0      |
Bytes_received         | 0      |
Bytes_sent             | 0      |
Slow_queries:          | 0      |
```

Zabbix 监控 MySQL 性能，通过获取 MySQL 状态值将这些状态值传递给服务器并绘制成图片，这样可以观察 MySQL 的工作情况。MySQL 性能状态变量如表 10.2 所示。

表 10.2　　　　　　　　　　　　　MySQL 性能状态变量

状态	含义
Com_update	MySQL 执行的更新个数
Com_select	MySQL 执行的查询个数
Com_insert	MySQL 执行插入的个数
Com_delete	执行删除的个数
Com_rollback	执行回滚的操作个数
Bytes_received	接受的字节数
Bytes_sent	发送的字节数
Slow_queries	慢查询语句的个数

例 10-15 监控 MySQL 状态信息收集脚本。

```
[root@tianyun ~]# vim zabbix_mysql_status.sh
#!/bin/bash
#mysql for zabbix
Uptime() {
    mysqladmin status | awk '{print $2}'
}
Slow_queries() {
    mysqladmin status | awk '{print $9}'
}
Com_insert() {
    mysqladmin extended-status|awk '/\<Com_insert\>/{print $4}'
}
Com_delete() {
    mysqladmin extended-status|awk '/\<Com_delete\>/{print $4}'
}
Com_update() {
    mysqladmin extended-status|awk '/\<Com_update\>/{print $4}'
}
Com_select() {
    mysqladmin extended-status|awk '/\<Com_select\>/{print $4}'
}
Com_commit() {
    mysqladmin extended-status|awk ' /\<Com_commit\>/{print $4}'
}

Com_rollback() {
    mysqladmin extended-status|awk '/\<Com_rollback\>/{print $4}'
}
Bytes_sent() {
    mysqladmin extended-status|awk '/\<Bytes_sent\>/{print $4}'
}
Bytes_received() {
    mysqladmin extended-status|awk '/\<Bytes_received\>/{print $4}'
}
Com_begin() {
    mysqladmin extended-status|awk '/\<Com_begin\>/{print $4}'
}
$1
```

给脚本执行权限，执行结果如下：

```
[root@tianyun ~]# chmod a+x zabbix_mysql_status.sh
[root@tianyun ~]# ./zabbix_mysql_status.sh Uptime
875
[root@tianyun ~]# ./zabbix_mysql_status.sh Slow_queries
0
[root@tianyun ~]# ./zabbix_mysql_status.sh Com_insert
0
[root@tianyun ~]# ./zabbix_mysql_status.sh Com_delete
0
```

```
[root@tianyun ~]# ./zabbix_mysql_status.sh Com_update
0
[root@tianyun ~]# ./zabbix_mysql_status.sh Com_select
1
[root@tianyun ~]# ./zabbix_mysql_status.sh Com_commit
0
[root@tianyun ~]# ./zabbix_mysql_status.sh Com_rollback
0
[root@tianyun ~]# ./zabbix_mysql_status.sh Bytes_sent
62602
[root@tianyun ~]# ./zabbix_mysql_status.sh Bytes_received
121354
[root@tianyun ~]# ./zabbix_mysql_status.sh Com_begin
0
```

10.3.3　Zabbix 监控内存信息收集

通过 Zabbix 系统监控记录应用服务器上进程内存的使用情况，以便于分析服务器的性能瓶颈。首先编写 Shell 脚本来获取服务器内存资源使用率最大的进程，然后通过 Zabbix 对这些进程的内存资源使用情况进行监控并收集数据，具体如下所示。

第一种方法：使用 free 命令可以获得当前内存使用情况，CentOS 6 的命令显示和 CentOS 7 的命令显示有所不同。

在 CentOS 6 系统中，free 命令的显示结果如下：

```
[root@tianyun ~]# free -m
            total    used    free    shared   buff/cache   abailable
Mem:        15949     339   15367        23          242      152385
Swap:        4095       0    4095
```

在 CentOS 7 中 free 命令的显示结果如下：

```
[root@tianyun ~]# free -m
              total      used      free    shared    buffers    cached
Mem:          16077     15912       165         0         89     15043
-/+ buffers/cache:        779     15298         0
Swap:          8191         0      8191
```

第二种方法：使用/proc/meminfo 文件把系统状态信息很详细地显示出来。

```
[root@tianyun ~]# less /proc/meminfo
MemTotal:       16332120 kB
MemFree:        15734580 kB
MemAvailable:   15755076 kB
Buffers:            1268 kB
Cached:           199084 kB
SwapCached:            0 kB
Active:           232416 kB
Inactive:         154324 kB
Active(anon):     187164 kB
```

```
Inactive(anon):            22824  kB
Active(file):              45252  kB
Inactive(file):           131500 kB
Unevictable:                   0  kB
Mlocked:                       0  kB
```

例 10-16　用 Shell 编写的关于查看内存状态的脚本。

```
[root@tianyun ~]# touch memory_status.sh
#!/bin/bash
MemTotal() {
        awk '/^MemTotal/{print $2} /proc/meminfo'
}
MemFree() {
        awk '/^MemFree/{print $2} /proc/meminfo'
}
Dirty() {
        awk '/^Dirty/{print $2}' /proc/meminfo
}
Buffers() {
        awk '/^Buffers/{print $2}' /proc/meminfo
}
$1
#给脚本执行权限
[root@tianyun ~]# chmod a+x memory_status.sh
#执行脚本
[root@tianyun ~]# ./memory_status.sh MemTotal
16332120
[root@tianyun ~]# ./memory_status.sh MemFree
16
[root@tianyun ~]# ./memory_status.sh Dirty
1657
[root@tianyun ~]# ./memory_status.sh Buffers
1876
```

当业务需要对特定服务器进行监控时，可以通过编写脚本获取各个进程占用系统资源的信息，从而使用 Zabbix 采集这些数据并对特定进程进行基础监控，如 Zabbix 监控内存信息收集等。

10.4　多机部署 MySQL 数据库项目

在日常运维工作中，当对服务器进行批量安装 MySQL 数据库时，一台一台的安装将会浪费大量的时间、人力等资源。这时就需要用户进行多机部署 MySQL 数据库。具体如下所示。

例 10-17　Shell 脚本实现多机部署 MySQL 数据库。

```
[root@tianyun ~]# vim mysql_install.sh
#!/bin/bash
```

```
#mysql intall 2
#by tianyun
#Yum
rm -rf /etc/yum.repos.d/*
wget ftp://172.16.8.100/yumrepo/CentOS 7.repo -P /etc/yum.repos.d/
wget ftp://172.16.8.100/yumrepo/mysql57.repo -P /etc/yum.repos.d/
yum -y install lftp vim-enhanced bash-completion

#Firewalld & SELinux
systemctl stop firewalld; systemctl disable firewalld
setenforce 0; sed -ri '/^SELINUX/c\SELINUX=disabled' /etc/seLinux/config

#ntp
yum -y install chrony
sed -ri '/3.centos/a\server 172.16.8.100 iburst' /etc/chrony.conf
systemctl start chronyd; systemctl enable chronyd

#install mysql5.7
yum -y install mysql-community-server
systemctl start mysqld
systemctl enable mysqld
grep 'temporary password' /var/log/mysqld.log |awk '{print $NF}' >
/root/mysqloldpass.txt
    mysqladmin -uroot -p"`cat /root/mysqloldpass.txt`" password "(TianYunYang123)"
```

以上代码首先下载安装 yum 源、安装 vim 工具，接着是关闭防火墙和 seLinux、更新系统时间，然后开始安装 MySQL 数据库。以上代码是在一台机器上实现的部署 MySQL。然而，项目要求是多台机器实现部署 MySQL。因此，使用 Shell 循环实现多台服务器部署 MySQL，具体如下所示。

```
[root@tianyun ~]# vim ip.txt
10.0.104.5
10.0.104.27
10.0.104.34
10.0.104.136
10.0.104.108
[root@tianyun ~]# vim main.sh
#!/bin/bash
#main
while read ip
do
 {
 ping -c 1 -W 2 $ip > /dev/null
 if [ $? -eq 0 ];then
    scp -r mysql_install.sh root@$ip:/tmp/
    ssh root@$ip "/tmp/mysql_install.sh"
 }&
done < ip.txt
wait
echo "all finish..."
```

以上代码是针对 ip.txt 文件中的主机 IP 地址进行多机部署 MySQL。首先是先 ping 一下

ip.txt 文件中的 IP 地址，判断机器是否正常；然后把安装 MySQL 脚本复制到多台服务器上/tmp/下，远程使用管理员权限执行安装 MySQL 脚本。如果显示"all finish..."，则表示所有服务器安装已完成。

10.5　多机部署 LNMP 项目

多机部署 LNMP 是一个很重要的项目，L 代表 Linux 系统、N 代表 Nginx 服务、M 代表 MySQL 服务、P 代表 PHP 服务。LAMP 平台应该是应用较为广泛的网站服务器架构。随着 Nginx 在企业中的使用越来越多，LNMP 架构也受到越来越多 Linux 系统工程师的青睐。因此，掌握多机部署 LNMP 是非常有必要的。

下面代码是一键安装 LNMP 的脚本。

例 10-18　Shell 脚本实现多机部署 MySQL 数据库。

```
 [root@tianyun ~]# vim lnmp.sh
#!/bin/bash

#build lnmp
# 移除原有的 yum 仓库，并备份到 /root/old 目录下
[ -d /root/old ] && rm -rf /root/old;mkdir /root/old || mkdir /root/old
mv /etc/yum.repos.d/* /root/old
cp -r /root/old/* /etc/yum.repos.d/

# 更新安装 epel 源
rpm -Uvh https://mirror.webtatic.com/yum/el7/epel-release.rpm
sleep 10

# 更新安装 CentOS 源
rpm -Uvh https://mirror.webtatic.com/yum/el7/webtatic-release.rpm
yum clean all
yum repolist
sleep 10
# 安装依赖软件包
yum -y install openssl-devel gcc-c++ gcc make

echo "waiting install php.................................................
...."
 yum install -y php56w-fpm php56w-common php56w-mbstring php56w-mcrypt php56w-pdo
php56w-pgsql php56w-mysqlnd php56w-gd php56w-bcmath php56w-xml php56w-ldap

# 修改相关配置
sed -i 's/post_max_size = 8M/post_max_size = 16M/g' /etc/php.ini
sed -i 's/max_execution_time = 30/max_execution_time = 300/g' /etc/php.ini
sed -i 's/max_input_time = 60/max_input_time = 300/g' /etc/php.ini
sed -i 's/listen.allowed_clients = 127.0.0.1/#listen.allowed_clients = 127.0.0.1/g'
/etc/php-fpm.d/www.conf
```

```
# 启动并设置开机自启动
systemctl enable php-fpm
systemctl start php-fpm
sleep 10

echo "waiting for nginx.................................................."
yum -y install nginx
nginx -t
nginx
sleep 10

echo "waiting for mysql5.6............................."
[ -d /usr/local/src ] || mkdir -p /usr/local/src
cd /usr/local/src
rpm -Uvh http://dev.mysql.com/get/mysql-community-release-el7-5.noarch.rpm
yum repolist all | grep "mysql.*-community.*"
yum -y install mysql-community-server
systemctl enable mysqld
systemctl start mysqld.service
echo $ip >> passwords.txt
awk -F : '/"temporary password"/ {print $NF}' /var/log/mysqld.log >> passwords.txt
sleep 3
```

　　以上是在一台服务器上实现部署 LNMP，项目需求是要在多台机器上实现。其思路和多机部署 MySQL 是一样的，需要使用 Shell 循环实现多台机器上部署 LNMP，具体如下所示。

```
[root@tianyun ~]# vim ip.txt
10.0.104.5
10.0.104.27
10.0.104.34
10.0.104.136
10.0.104.108
[root@tianyun ~]# vim main.sh
#!/bin/bash
#main
while read ip
do
 {
 ping -c 1 -W 2 $ip > /dev/null
 if [ $? -eq 0 ];then
    scp -r lnmp.sh root@$ip:/tmp/
    ssh root@$ip "/tmp/lnmp.sh"
 }&
done < ip.txt
wait
echo "all finish..."
```

　　以上代码是针对 ip.txt 文件中的主机 IP 地址进行多机部署 LNMP。首先是先 ping 一下 ip.txt 文件中的 IP 地址，判断机器是否正常；然后把安装 LNMP 脚本复制到多台服务器上/tmp/下，远程使用管理员权限执行安装 LNMP 脚本，如果显示 "all finish..."，则表示所有服务器安装已完成。

10.6　本章小结

只有把理论知识同具体实际相结合，才能正确回答实践提出的问题，扎实提升读者的理论水平与实战能力。本章主要讲解了服务器存活状态脚本项目、Nginx 日志分析项目、Zabbix 信息收集项目、多机部署 MySQL 数据库和多机部署 LNMP 项目。在实际环境中，读者通过事先解读项目，可分析项目需求，从根本上了解开发者的实际开发思路，为实际开发积累经验。

10.7　习题

思考题

（1）本章服务器存活状态脚本项目和 Nginx 日志分析项目你觉得可以有哪些需要改善的地方。

（2）Zabbix 信息收集项目中使用蓝图的目的是什么？